新基建·数据中心系列丛书

数据中心
暖通系统运维

杨迅　汪俊宇　刘相坤◎主编

清华大学出版社
北京

内 容 简 介

本书为有志于从事数据中心暖通系统运维工作的人员提供了必需的入门知识。本书遵循由浅入深的原则，首先以"零基础"视角系统介绍了暖通系统运维人员必备的入门基础理论知识，主要包括空气调节理论、热力学定律、制冷原理、常见制冷系统组成及各部件工作原理，这些构成了本书的重点内容。随后本书以数据中心暖通系统为聚焦点，介绍了数据中心暖通系统的常见组成方式、各部分工作原理，其中针对数据中心暖通系统的空调机组、风系统、水系统等进行了比较详细的介绍。最后为了开阔读者视野、激发读者兴趣，书中涉及了一些数据中心暖通系统设计方面的内容。

本书适用于从事数据中心暖通系统运维工作的初学者以及对数据中心暖通系统感兴趣的人士。

图书在版编目（CIP）数据

数据中心暖通系统运维 / 杨迅，汪俊宇，刘相坤主编 . —北京：清华大学出版社，2023.3
（新基建·数据中心系列丛书）
ISBN 978-7-302-62873-6

Ⅰ.①数… Ⅱ.①杨… ②汪… ③刘… Ⅲ.①数据处理中心—空气调节设备—设备管理 ②数据处理中心—通风设备—设备管理③数据处理中心—采暖设备—设备管理 Ⅳ.① TP308

中国国家版本馆 CIP 数据核字 (2023) 第 037760 号

责任编辑：杨如林
封面设计：杨玉兰
版式设计：方加青
责任校对：胡伟民
责任印制：宋　林

出版发行：清华大学出版社
　　　　　网　　　址：http://www.tup.com.cn，http://www.wqbook.com
　　　　　地　　　址：北京清华大学学研大厦 A 座　　　　邮　　编：100084
　　　　　社 总 机：010-83470000　　　　　　　　　　邮　　购：010-62786544
　　　　　投稿与读者服务：010-62776969，c-service@tup.tsinghua.edu.cn
　　　　　质 量 反 馈：010-62772015，zhiliang@tup.tsinghua.edu.cn
印 装 者：三河市人民印务有限公司
经　　　销：全国新华书店
开　　本：185mm×260mm　　　　印　　张：12.25　　字　　数：295 千字
版　　次：2023 年 5 月第 1 版　　印　　次：2023 年 5 月第 1 次印刷
定　　价：49.00 元

产品编号：096114-01

编委会名单

主　　任

叶社文　安　鸥　汪怡君

专　　家

刘相坤　刘玉岭　汪　翰

编　　委

何　丽　黄富涛　杨少林

王俊阳　刘翰阳　何　洋

高善有　梁奥康　张　杰

前　言

近年来，中国数据中心规模保持高速增长。据统计，中国数据中心规模从 2015 年的 124 万家增长到 2020 年的 500 万家；2020 年中国数据中心建设投资 3000 亿元，2021—2023 年数据中心产业投资将达 1.4 万亿元。

在全国数据中心建设、建成数量快速增长的背景下，对数据中心基础设施（主要包括电力设备、环境控制设备、监控设备、安全装置）运维管理人才的需求激增，而我国当前的人才现状与数据中心基础设施运维行业的需求严重不匹配，运维管理人才短缺问题非常严重，已成为制约行业发展的重要因素。为加快培养出合格的数据中心基础设施运维各专业的人才，提高从业人员的整体技能水平，由中国智慧工程研究会大数据教育专业委员会牵头，北京慧芃科技有限公司组织编写了"新基建·数据中心系列丛书"，以应急需。

暖通系统作为组成数据中心基础设施的五大系统之一（其他四个分别为电气系统、弱电系统、消防系统、装饰系统），其首要作用就是通过制冷将数据中心内设备产生的大量热量带走，保障数据中心运行于适宜的温度环境中，同时还要保障数据中心的湿度、空气洁净度在合理的范围内。本书作者从培养一名合格的数据中心暖通系统运维人员这一目标出发，参阅了大量的相关培训教程、教材以及专业书籍，梳理出了相对全面的基础知识结构体系。一名合格的暖通系统运维人员不仅要巡视设备、记录运行数据、开关机器、遵照规程进行维护保养，还必须对常见故障有一定的预见及处理能力。此外，用人单位也应当考虑运维人员将来的职业提升空间问题，对运维人员给予相应的能力知识培养，这样才能吸引并留住人才。

本书正是基于上述考虑，撷取其中精华形成了 11 章内容。第 1 章概述数据中心暖通系统。第 2 章侧重于暖通空调及制冷的基础理论知识，其中部分内容对初学者有一定难度，但学习和掌握这些知识，对正在或即将从事数据中心暖通系统运维的读者来说，关系到他们职业发展的"后劲"。第 3 章对空调系统分类进行了专门介绍。第 4 章则对机房精密空调这种形式的空调的使用与维护进行了较为详细的介绍，由于这种机型结构相对简单，在数据中心中应用广泛，初学者从此种机型开始学习较为合适。第 5 ～ 10 章以图文并茂的形式，比较翔实地介绍了目前常见的数据中心主机房暖通系统各组成部分的结构、原理和工作过程，有了前面章节的知识作为基础，这部分的学习难度并不大。

第 11 章介绍了典型的数据中心暖通系统设计实例，供读者学习和参考。

本书作者曾长期从事暖通系统运维工作，在工作中积累了大量人才培养的经验，对暖通系统运维人员需要具备的知识体系、能力结构以及学习中的难点有比较清晰的了解。

在本书的编写过程中，参阅了许多相关参考文献和资料，在此对参考文献的原编著者表示敬意和感谢。兰凡璧、杨少林在书中插图的绘制方面提供了大量帮助，在此对他们一并表示感谢。

由于时间仓促并且作者水平有限，书中难免有错误和不妥之处，希望广大读者批评和指正。

作者

2022 年 10 月

教 学 建 议

章号	学习要点	教学要求	参考课时（不包括实验和机动学时）
1	• 暖通的定义 • 暖通系统在数据中心中的主要作用 • 暖通系统对数据中心的重要性	• 对暖通系统做一般性了解	2
2	• 空气调节技术的发展历史及应用 • 湿空气的物理性质和状态参数 • 湿空气的焓湿图 • 制冷技术的发展历史及应用 • 制冷基本名词术语 • 热力学基本定律及其在制冷技术中的应用 • 制冷原理、压 - 焓图 • 制冷剂、载冷剂和润滑油 • 数据中心制冷系统常用压缩机分类 • 冷凝器工作原理 • 蒸发器工作原理 • 节流机构种类及工作原理 • 制冷系统辅助设备种类	• 掌握空气调节的基本概念、常用名词 • 掌握制冷技术的基本概念、常用名词 • 掌握蒸气压缩式制冷方式的原理 • 掌握蒸气压缩式制冷循环的基本构成	15
3	• 空调分类概述 • 根据空调冷（热）源分类的各种空调 • 根据空气处理设备的设置情况分类的各种空调 • 根据负担室内空调负荷所用的介质分类的各种空调 • 根据集中系统处理的空气来源分类的各种空调 • 根据使用目的分类的各种空调 • 多联机可变流量空调介绍 • 氟泵式空调介绍	• 了解常见的空调分类方法 • 对常见的空调机组的不同之处有所了解	3

章号	学习要点	教学要求	参考课时（不包括实验和机动学时）
4	• 数据中心机房的负荷特点 • 机房精密空调与舒适性空调的区别 • 风冷直膨式机房精密空调的系统组成及工作原理 • 机房精密空调的安装与调试 • 机房精密空调的管理维护与保养 • 机房精密空调的故障排除	• 了解国家标准 GB 50174—2017 • 了解机房专用空调与舒适性空调之间的差异 • 了解机房专用空调的特点、优点 • 掌握风冷直膨式机房精密空调的系统组成 • 了解机房精密空调的安装调试方法 • 掌握机房精密空调的日常操作、管理、维护及常见故障处理方法	8
5	• 数据中心冷负荷的类型 • 数据中心冷负荷工程计算方法	• 冷负荷的概念及单位 • 冷负荷的来源 • 新风的概念	3
6	• 风冷型机房空调系统 • 冷冻水型机房空调系统 • 水冷型机房空调系统 • 乙二醇冷却型机房空调系统 • 双冷源型机房空调系统	• 几种常见数据中心暖通空调系统的组成、工作原理 • 不同类型暖通空调系统之间的异同点、优缺点	3
7	• 送风方式 • 数据中心气流组织形式 • 数据中心设备布置 • 数据中心空调风系统设计核算	• 了解常见送风方式的空气循环路径 • 了解气流短路的概念 • 了解静压箱的概念和意义 • 了解局部热点的概念	2
8	• 数据中心暖通水系统的分类与选择 • 数据中心暖通水系统的承压设计 • 数据中心暖通水系统的设计与计算	• 了解水的传热特性 • 了解水系统的分类 • 了解几种典型的水系统的作用	2
9	• 高热密度区域解决方案 • 局部热点解决方案 • 专用高热密度封闭机柜解决方案 • 其他高热密度散热解决方案	• 了解常见的针对高热密度机柜的解决方案	2
10	• 新风机组 • 蓄冷罐 • 循环水处理系统 • 软化水装置 • 反渗透水处理器 • 补水装置 • 旁滤设备 • 压差旁通阀	• 对数据中心暖通系统其他常见设备做一般性了解	4
11	• 中小型数据中心暖通系统的设计方法 • 云计算数据中心暖通系统的规划设计案例	• 不要求会设计计算，但须理解设计中要考虑的各种因素 • 通过学习设计过程加深对数据中心暖通系统的理解	4

目　录

第 1 章 导论

1.1 暖通系统概述

数据中心暖通系统也称为数据中心空调系统。"暖通"是"供暖通风与空调工程"（Heating Ventilation and Air Conditioning，HVAC）的简称。由此可见，暖通这个词的涵盖面要广一些。

暖通系统属于数据中心基础设施五大系统之一，另外四个分别为电气系统、弱电系统、消防系统、装饰系统。就暖通所含的"通风"这个功能来讲，在数据中心中，给IT机房（主机房）降温的空调系统就必须具有通风功能，这样才能输送冷空气。除此之外，有的数据中心还有厂房日常通风系统，消防系统有排烟补风功能，新风系统（向室内输送新鲜室外空气）也有通风的功能，它们有时也归于暖通的范畴。就暖通所含的"供暖"这个功能来讲，由于数据中心主机房常年需要制冷，除了个别部位（例如水系统冬季防冻需要供暖设备）外，一般数据中心无须供暖设施。

数据中心中通常都有称为"数据机房"或"模组机房"的主机房部分，在其中布放着大量IT设备机架，有时也称为IT机房，它是承载数据中心主要功能的部分，我们在本书中所探讨的暖通系统（空调系统）主要是为该部分服务的。暖通系统（空调系统）本质上是一套环境控制系统。这套数据中心环境控制系统负责移除数据中心主设备和配套设备运行时发出的热量，精密调节机房内空气的温度、湿度、洁净度、空气清新度等参数，满足设备内电子器件可靠工作的要求，保证数据中心内各类设备稳定运行，进而保障数据中心稳定运行。

在数据中心行业相关文献中，暖通系统、空调系统、制冷系统这几个称谓常常并不严格区分，这一点需要注意。

暖通是一个多学科、多专业交叉融合的领域，涉及的相关学科主要有空气调节、制冷技术、工程热力学、流体力学、传热学等。

1.2 数据中心暖通空调系统典型组成形式

1.2.1 由风冷机房精密空调机组组成

风冷机房精密空调机组从外形上看，像一个大尺寸的家用 / 商用柜式分体式空调，由室内机、室外机和连接室内外机之间的管线三大部分组成。图 1.1 所示为其室内机和室外机。风冷机房精密空调机组工作时的情形也和柜式分体式空调相似，制冷时室内机出风口源源不断吹出冷风，室外机上的冷凝风扇则吹热风，室内、外机内部的铜管以及连接铜管组成一个封闭的循环管路系统，系统里充注的物质是氟利昂。对于采用风帽送风方式的机型，这种相似更加明显，如图 1.2 所示。

图 1.1　风冷机房精密空调室内机和室外机外观

图 1.2　采用风帽送风方式的机房精密空调的机型

具体地说，风冷机房精密空调主要包括压缩机、蒸发器、膨胀阀、冷凝器、送风风机、冷凝风机、加湿器、温湿度传感器、控制系统等部分。工作时管路里的物质是氟利昂，每台空调可以独立地控制和运行（配备相关组件也可群控），易于形成冗余，可靠性较高，具有安装和维护简单等优点。

1.2.2 由水冷冷水机组和通冷冻水型机房精密空调组成

在这种形式中，水冷冷水机组可以理解为一个冷冻站，它对外提供冷水，同时回收吸收了热量后温度升高的冷水，将回收的水再次降温，再输送出去，水得到了循环利用。此处的机房精密空调全称是通冷冻水型机房精密空调（或冷冻水型机房精密空调），它与上面的风冷机房精密空调机组的室内机在外形上相似，不同点在于，其机体内的管路里并不是氟利昂，而是冷水。水冷冷水机组与通冷冻水型机房精密空调的结构如图 1.3 所示。

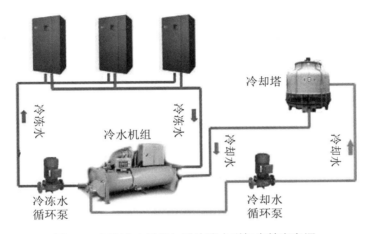

图 1.3 水冷冷水机组与通冷冻水型机房精密空调

1.2.3 由间接蒸发冷却式空调机组组成

间接蒸发冷却式空调的工作原理是：在自然界中，水或其他许多液体在蒸发过程中会吸收周围空气中的热量，使得空气的温度下降。

间接蒸发冷却式空调是在数据中心领域新兴起的一种比较节能的空调方式，它常以间接蒸发冷却空调箱（AHU）的形式出现，如图 1.4 所示。它通过机体内一个换热芯体进行室内外空气能量交换。换热芯体是一个非直接接触式的空 - 空换热器，即两股不同的空气隔着可传热的膜或板，因温度不同可互相交换热量，但两股空气始终隔绝并不混合。

这种类型的空调通常有三种工作模式：①干模式，即当室外气温较低时，直接利用室外空气冷却室内空气，将室内、外空气直接在空 - 空换热器中进行热量交换；②湿模式，即当室外温度较高时，对空 - 空换热器室外侧开启水喷淋，水蒸发冷却会带走热量，从而将室内空气冷却至设定温度；③混合模式，即当室外温度高且湿度大时，则启动冷机补充冷量供应，此时蒸发冷却和冷机机械制冷同时运转。

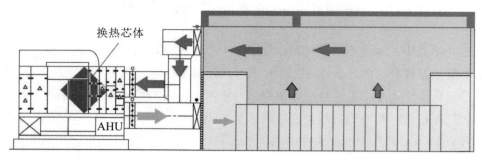

换热芯体

AHU

图 1.4　间接蒸发冷却式空调机组

实际使用中，间接蒸发冷却式空调机组常常制作成集装箱式，可以整体放于室外，节约建筑空间，同时其现场安装较为简便，也能加快数据中心的建设进度。

1.3　暖通系统在数据中心中的作用

在数据中心中，暖通系统一般与电气系统（又称供配电系统、电源系统等）并称为基础设施两大关键系统。在现代社会，电力的重要性不言而喻，而暖通系统为何在数据中心中的地位如此之高，可能有些令人不解，下面简要分析一下。

电子设备工作都会产生明显的副效应：热。我们在日常使用手机及笔记本计算机时都有体会。当使用手机长时间运行计算量比较大的应用程序时，会感觉到手机机体变热；笔记本计算机为了散热通常都配置了散热风扇，使用时在风扇出风口我们能感觉到热。

数据中心有大量的 IT 设备，其中以各种服务器为主，主要类型有塔式服务器、机架式服务器、刀片式服务器、机柜式服务器等，除此之外还有网络设备、存储设备。为了充分利用有限的土地空间，它们通常都密集布置于机架上，机架又密集成排布置于机房。热是影响电子元器件失效率的一个最重要的因素，也是电子设备稳定工作的一个关键因素。对于某些电路来说，可靠性几乎完全取决于热环境。为了达到预期的可靠性目的，必须将元器件的温度降低到实际可以达到的最低水平。

数据中心一旦投入运行，其 IT 设备在每年 365 天、每天 24 小时的不间断运行过程中，会产生巨大的热量，这些热量就要靠暖通空调系统持续不断地带走。暖通空调系统一旦因故障停止工作，由于数据中心电子设备的高度密集性，机房环境温度会很快升高至不可容忍的程度，造成电子设备不能正常工作，数据中心不能正常运转，其所承载的各类数据、算力、算法应用也将中断，后果严重。因此，在重要数据中心中，暖通系统设备配置方面必须按 $N+1$ 架构配置或 20% 冗余模式配置，甚至采用 $2N$ 架构配置。

　　换个角度来看，在设备成本、总能耗、运行费用方面，暖通系统在数据中心中是一个重量级的存在。在数据中心规划设计阶段，确定数据中心规模大小、功率密度、机房基础设施投资总成本时，暖通系统是重要的考量因素；在规划数据中心可持续发展能力、可扩充性、可用性时，暖通系统也是一个重要的考量因素，甚至可能决定一个数据中心建设的成败。因此我们说暖通系统是数据中心基础设施的关键系统之一。

第 2 章　暖通基础知识

2.1　暖通空调及制冷技术的发展历史

在现代社会，制冷已经成了人类社会最基本的需求之一，空调则是制冷应用的一个重要方面。古代的人们，也很早就懂得对冷的利用，如中国古代就有人用天然冰冷藏食品和防暑降温。但现代的制冷技术是在 18 世纪后期发展起来的。

以下简要介绍一下空调及制冷技术的发展历史。

1755 年，爱丁堡的化学教师卡伦利用乙醚蒸发使水结冰，他的学生布莱克从本质上解释了熔化和汽化现象，提出了潜热的概念，并发明了冰量热器，标志着现代制冷技术的开始。

1834 年，发明家波尔金斯造出了第一台以乙醚为工质的蒸气压缩式制冷机，这是后来所有蒸气压缩式制冷机的雏形。

1859 年，卡勒发明了氨水吸收式制冷系统。

1902 年，美国工程师及发明家威利斯·开利为一个印刷厂安装了自己设计的设备，以保持印刷需要的温湿度，取得了良好的效果，开利设计的这台设备是世界上第一台空气调节系统，这被视为空调业的诞生标志。

1906 年，开利以"空气处理装置"为名申请专利，这是他人生中的第一个专利，开利因此被称为"空调之父"。

1910 年左右，马利斯·莱兰克发明了蒸气喷射式制冷系统。

20 世纪，制冷技术有了更大的发展。美国通用电气公司成功地研制出全封闭式制冷压缩机；米奇利发现氟利昂制冷剂并用于蒸气压缩式制冷循环以及混合制冷剂的应用。

空调与制冷是两个密切相关的领域。从提供的功能上看，空气调节除了提供制冷降温功能，也可以提供加热取暖功能，因此制冷只是空调的功能之一。另一方面，制冷技术所涵盖的温度范围比通常建筑物空间的空气调节温度范围要宽许多，还有很多其他的应用场合。下一节将就这一点进行介绍。

2.2　制冷技术的应用领域

制冷技术的应用领域广泛，具体介绍如下。

1. 空调工程

空调工程是制冷技术应用的一个广阔领域。光学仪器仪表、精密计量量具、纺织等生产车间及计算机机房等，都要求对环境的温度、湿度、洁净度进行不同程度的控制；体育馆、大会堂、宾馆等公共建筑和小汽车、飞机、大型客车等交通工具也都需要有舒适的空调系统。

2. 食品工程

易腐食品从采购或捕捞、加工、储藏、运输到销售的全部流通过程中，都必须保持稳定的低温环境，才能延长和提高食品的质量与价值。这就需要有各种制冷设施，如冷加工设备、冷冻冷藏库、冷藏运输车 / 船、冷藏售货柜台等。

3. 机械与电子工业

精密机床油压系统利用制冷来控制油温，可稳定油膜刚度，使机床能正常工作。对钢进行低温处理可改善钢的性能，提高钢的硬度和强度，延长工件的使用寿命。多路通信、雷达、卫星地面站等电子设备也都需要在低温下工作。

4. 医疗卫生事业

血浆、疫苗及某些特殊药品需要低温保存。低温麻醉、低温手术及高烧患者的冷敷降温等也需要制冷技术。

5. 国防工业和现代科学

在高寒地区使用的发动机、汽车、坦克、大炮等常规武器的性能需要做环境模拟试验，火箭、航天器也需要在模拟高空条件下进行试验，这些都需要人工制冷技术。人工降雨也需要制冷。

6. 日常生活

家用冰箱及家用空调等都是制冷技术的具体应用。

2.3　湿空气的物理性质

空气是暖通系统工作所要处理的对象，因此有必要把它的性质加以介绍。

我们日常生活中所接触的现实环境中的空气，在暖通空调工程中称之为"湿空气"，它其实是一种包含多种成分的混合气体，其中包含水蒸气。我们把不包含水蒸气的部分称为"干空气"。

所以，湿空气 = 干空气 + 水蒸气。干空气仍是包含着多种成分的混合气体。

总体上干空气的组成、性质比较稳定，在空调工程中，可以将其作为一个整体考虑。干空气的组成如表 2.1 所示。

表 2.1　干空气的组成

成份	分子式	体积百分比 /%
氧	O_2	20.95
氮	N_2	78.08
氩	Ar	0.93
二氧化碳	CO_2	0.03
其他		0.01

水蒸气作为湿空气的一部分，从含量来看，很少，但它对湿空气的状态变化影响却很大。湿度是一个很重要的参数，它的变化会使湿空气的物理性质随之变化，并且对人体舒适度、工厂产品质量、工艺过程和设备维护有直接影响，不可忽略。

常温常压下干空气和水蒸气都可以视为理想气体。因此，在空调工程中，干空气、湿空气都可近似地当作理想气体来对待。理想气体就是假定该气体分子是不占有空间的质点（即有质量无体积），分子间没有相互作用力。

有了理想气体这个模型，相当于给我们提供了几条定律，我们由此可以对湿空气性质进行规律性分析，这实际上简化了对空气进一步的分析研究，这些研究成果可以在空调领域运用，它是实际情况的一个非常良好的近似。

其中一个重要结论是：理想气体满足 PV/T= 常量。其中 P 是气体的压力，单位是帕斯卡（Pa），V 是气体的体积，T 是气体的热力学温度，单位是开尔文（K）。

2.4　暖通基本术语

暖通基本术语主要包括温度、含湿量、湿度、密度、比容、干球温度、湿球温度、露点温度、热量、比热容、显热、潜热、物质总热量、显热比、压力、压强、焓、制冷量、能效比等。

1. 温度

温度是表示物质冷热程度的物理量，用以表示湿空气状态时也就是气温，常用单位是摄氏度，以符号℃表示。

物质温度与物质热力学能的关系：温度不是热力学能变化的唯一标志。

用温标来表示温度的标度，常用的有摄氏温标、华氏温标和开尔文温标。

摄氏温度（℃）：水在1个大气压下凝固点温度定为0℃，沸腾点定为100℃，中间分为100等份，每等份为1℃。

华氏温度（℉）：水在1个大气压下凝固点温度定为32℉，沸腾点定为212℉，中间分为180等份，每等份为1℉。

热力学温度/标（K）：水的最低温度定为-273.15K，每个等分与摄氏度一样大小。热力学温度是客观反映物质性质的温标——物质分子运动快慢。人们只能尽可能地将温度降低至接近热力学零度，但永远达不到零度，更不会降到热力学零度以下。

我国使用的是摄氏温标，很多西方国家使用的是华氏温标。

华氏温度与摄氏温度、热力学温度的转换关系如下。

摄氏温度 =5/9（华氏温度 – 32）

华氏温度 =9/5 摄氏温度 + 32

热力学温度 = 摄氏温度 + 273

常用的温度检测工具有普通温度计、温度传感器、温度表、测温仪（点温计、红外测温仪）等。

2. 含湿量

含湿量用以表示空气中水蒸气含量的多少，它的单位是g/kg，意思是湿空气中与每1kg干空气并存的水蒸气的质量。

从一个大空间范围看，水分在大气中分布是不均匀的，比如在海洋、河流、湖泊附近，相较于内陆沙漠地区大气中的水分更多。但在空调工程中，一般这个空间范围比较有限，所以我们可以近似认为所研究的某一给定区域，空间中湿空气中的水蒸气分布是均匀的，这是一种精度足够的近似。

3. 湿度

湿度分相对湿度与绝对湿度。

绝对湿度是指1m³空气中含有的水蒸气量，单位是kg/m³或g/m³。

相对湿度是指空气中实际含有的水蒸气量与同温同压下能容纳的水蒸气的最大量之比，用百分比表示。

4. 密度与比容

单位容积的湿空气所具有的质量，称为密度。

单位质量的湿空气所占有的容积，称为比容。

比容与密度互为倒数关系。

5. 干球温度与湿球温度

干球温度就是空气的真实温度，可直接用普通温度计测出，测量时将温度计暴露于空气中，但不要受到太阳直接辐射，此时测得的温度为干球温度，简称温度。常在温度单位℃（或℉）后加上"DB"字母以和湿球温度加以区别。

用湿纱布包扎普通水银温度计的感温包部分，纱布下端浸在水槽中，在纱布周围保持一定的空气流通，水槽保持有水，示数达到稳定后，此时该温度计显示的读数称为湿球温度。常在温度单位℃（或℉）后加上"WB"字母以和干球温度加以区别。

根据干、湿球温度的差值，我们可以通过查表得到空气的相对湿度值。

6. 露点温度

空气开始结露时的温度，此温度与空气中水蒸气的含量有关。

有了这些状态参数，我们就对湿空气的状态有了一个定量的把握。

7. 热量与比热容

热量是能量的一种形式，是表示物体吸热或放热多少的物理量。热量的单位通常用卡（cal）或千卡（kcal 也称大卡）表示。1kcal 即 1L 纯水升高或降低 1℃所吸收或放出的热量。在国际单位制（SI）中，热量经常用焦耳（J）表示。

$$1 \text{ J}=0.2389\text{cal}$$

当物体温度发生变化时，物体所吸收或放出的热量 Q 与其温度变化 Δt、物体的质量和物体的材料性质有关。

$$Q=cm\Delta t$$

其中 c 就是物体的比热容。对于气体，其在压力不变的情况下吸放热量时的比定压热容 c_p 与容积不变的情况下吸放热时的比定容热容 c_v 是不同的。

8. 显热

物体在加热或冷却过程中，温度升高或降低所需要吸收或放出的热量，称为显热。显热的表征是温度改变，相态不变。温度的变化可以用测温设备测量出来。

9. 潜热

物体在加热或冷却过程中，其相态发生变化，但是温度没有变化，称为潜热。潜热的表征是相态改变，温度不变。潜热包括熔解热、凝固热、汽化热、液化热。

水的显热和潜热的表现形式如图 2.1 所示。可见，潜热的热能是很大的。

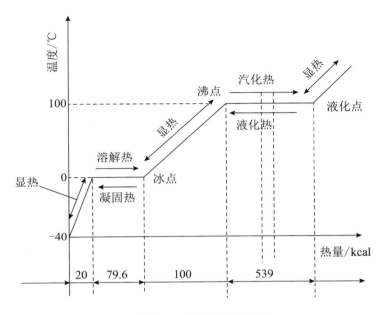

图 2.1　水的显热和潜热

机房的湿度很大时，要让水蒸气冷凝成水需要很多冷量。湿度大的房间与湿度适中的房间，使用空调降温除湿达到相同的温湿条件，会消耗很多能量。这也是机房需要有良好密封的一个重要原因。

10. 物质总热量

物体的显热与潜热累加，称为物质总热量。

总热量 = 显热 + 潜热

11. 显热比

显热比（Sensible Heat Factor，SHF）指显热量与总热量的比值。

$$\text{显热比} = \frac{\text{显热}}{\text{总热量}} = \frac{\text{显热}}{\text{显热} + \text{潜热}}$$

家用或大楼中央空调等设备，主要为人员提供舒适环境，其显热比通常比较低，为 70% 左右。数据中心等机房内，90% 以上的热量均为显热量，需要高显热比机组。

12．压力与压强

压力是物质垂直作用在物体表面的力。压强是单位面积上所承受的压力。

液柱压力与大气压力，如图 2.2 所示。

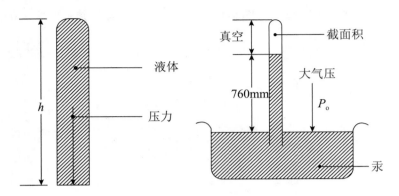

图 2.2　液柱压力与大气压力

（1）静压（p_j）。由于空气分子不规则运动而撞击于管壁上产生的压力称为静压。计算时，以绝对真空为计算零点的静压称为绝对静压。以大气压力为零点的静压称为相对静压。空调中的空气静压均指相对静压。静压高于大气压时为正值，低于大气压时为负值。

（2）动压（p_d）。空气流动时产生的压力称为动压。只要风管内空气流动就具有一定的动压，其值永远是正的。

（3）全压（p_q）。全压是静压和动压的代数和：$p_q=p_j+p_d$。全压代表 1m^3 气体所具有的总能量。若以大气压为计算的起点，它可以是正值，也可以是负值。

对于空气压力，指的是环绕地球的空气层对单位地球表面积形成的压力，又称湿空气总压力。

在空调、制冷工程领域，通常所称"压力"实际是"压强"的概念。这一点从表示它的数值所使用的单位可以看出，它用的是物理量压强的单位。

13．焓与焓差

焓是表征物质系统能量的一个通用参数，对空气也适用。湿空气的焓等于干空气的焓与水蒸气的焓之和。

焓的物理意义为：在某一状态下气体所具有的总能量，它等于气体内能和压力势能之和。焓用符号 H 表示。

$$H=U+pV$$

式中，h 表示焓，U 表示内能，p 表示压强，V 表示体积。

所谓内能（U）包括：组成气体的分子热运动所具有的直线运动动能、旋转运动动能、围绕平衡位置振动的动能以及因分子间的引力和斥力所具有的势能。

所谓压力势能（pV）可以这样理解：一个储气罐中的气体压力越大，该罐内气体对外做功的能力越强。若不同储气罐内压力值一致，则一个储气罐的体积越大，它里面的气体就越多，气体对外能做的功也越多。

焓的绝对值大小，由上面可知，内能 U 的那一项很难求得。在实际应用中一般用到的都是焓的变化量，也就是能量差。在空调中，经常用到的焓差就有经过蒸发器前、后的空气焓值的差。

14．制冷量

空调常用制冷量来描述其制冷能力。人们常用多少匹（P）来描述空调的制冷能力。其实，除了 P 外，还有其他制冷量单位，如表 2.2 所示。在机房精密空调中，我们经常使用 kW 来表示制冷量。kW 也是电功率的单位，在量纲上是等值的。我们常用的匹的单位不是一个很精确的值，1P 空调的制冷量大约与 2.5kW 制冷量相当。例如电信基站里使用的 7.5kW 精密空调相当于 3P 的家用空调的制冷量。

表 2.2　空调制冷量计量单位换算表

换算关系	制冷量单位				说明
	千瓦（kW）	大卡/小时（Cal/h）	冷吨（RT）	千英热单位/小时（kBtu/h）	
1	1	860	0.284	3.413	1kW 对其他单位的换算
2	0.001 16	1	0.000 33	0.003 96	1 大卡/小时对其他单位的换算
3	3.517	3024	1	12	1 冷吨对其他单位的换算

15．能效比

能效比常以字母 EER 表示，英文全称是 Energy Efficiency Ratio。空调使用的电能与产生的制冷量是有区别的。能效比是产生的冷量与消耗的电功率的比值。例如，一台制冷量为 7000W 的空调，在制冷时消耗的电功率实际为 2400W，那么它的 EER 为 7000W/2400W=2.92。

能效比是一个相对值，它随空调运行的具体条件而变化。一般来说，环境温度越高，空调的能效比就越低。但从产品标准上说，能效比又是一个绝对值。目前，我国市场上空调平均能效比较低，在家用电器中，有的产品会标上能效标志。能效标志直观地明示了用电产品的能源效率等级。产品的能源效率越高，表示节能效果越好，越省电。

以电冰箱能效标志为例，电冰箱的能效标志有 1、2、3、4、5，共 5 个等级。等级 1 表示产品达到国际先进水平，最节电，即耗能最低；等级 2 表示比较节电；等级 3 表示产品的能源效率为我国市场的平均水平；等级 4 表示产品能源效率低于市场平均水平；等级 5 表示未来要淘汰的高耗能产品。

能效标志为背部有黏性的，顶部标有"中国能效标志"（CHINA ENERGY LABEL）字样的彩色标签，一般粘贴在产品的正面面板上。

但是到目前为止，对于机房用的精密空调的能效，还没有强制性标准和标志。

2.5 湿空气的焓湿图及应用

焓湿图是用来简化空调工程设计计算的一种工具，用它来描述湿空气状态的变化形象直观。湿空气的焓湿图如图 2.3 所示。

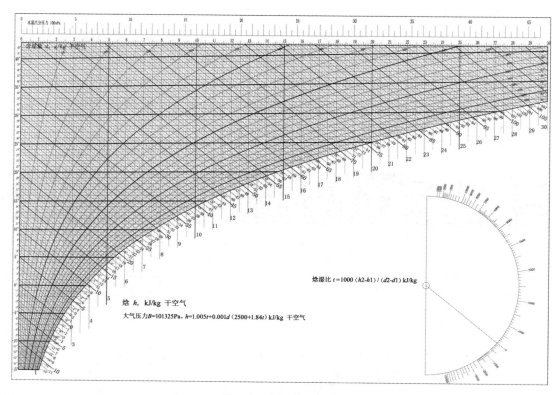

图 2.3　湿空气焓湿图

焓湿图常见的应用是在一个给定的大气压力下（通常就是一个标准大气压下），已知湿空气的个别参数，查在此状态下其他常见参数的值。焓湿图上的每个点，其实就代表湿空气的一个确定的状态，在这个状态下，湿空气的各种状态参数可以通过纵横坐标、过此点的各种等值线来查得。

完整的焓湿图通常看上去比较庞杂，因为它集合了多种参数一齐呈现，初学者不妨先自行简化，再逐步深入，步骤如下：①进行最简单的使用，只有纵横（焓、湿度）两个坐标，确定湿空气的一个状态点位置；②通过查看过焓湿图上某点的等值线（等状态参数线），获得除纵横坐标外的另一个参数的值；③逐渐标注上所有类型的等值线，此时图形就变得比较复杂了。

下面介绍焓湿图的几项应用。注意，为了更好地表现出各种参数线，有的焓湿图将焓的坐标轴进行了倾斜。

2.5.1 利用焓湿图求空气的湿球温度

知道了湿空气的状态点，通过等焓线，就可以得到湿球温度。

例如，在标准大气压下，已知空气干球温度 t 为 25℃，相对湿度 Φ 为 50%，即可知道此状态下空气的湿球温度，如图 2.4 所示。

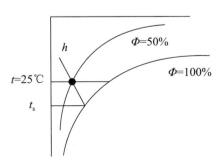

图 2.4　焓湿图应用（求湿球温度）

2.5.2 干式冷却过程在焓湿图上的表示

空气降温而过程中未发生结露现象，此过程叫干式冷却，在焓湿图上以直线 $A \rightarrow C$ 表示，如图 2.5 所示。

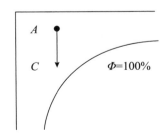

图 2.5　干式冷却在焓湿图上的表示

2.5.3 减湿冷却过程在焓湿图上的表示

表面式冷却器（表冷器）结构如图 2.6 所示。

空气与表面式冷却器接触时，若表面式冷却器表面温度低于空气露点时，则会发生结露现象，此过程叫减湿冷却，在焓湿图上以直线 $A \rightarrow G$ 表示，如图 2.7 所示。

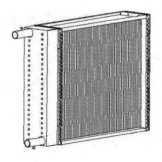

图 2.6　表面式冷却器结构

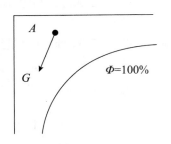

图 2.7　减湿冷却在焓湿图上的表示

2.5.4　加热过程在焓湿图上的表示

利用热水、蒸气、燃气、电阻丝、电热管等热源，通过热表面加热湿空气，空气不与这些供热物质直接接触，只进行热量交换。这种加热过程中空气的含湿量是不变的，而温度会升高。图 2.8 所示为空气通过电加热器的情形。

此过程在焓湿图上可以用直线 $A \rightarrow B$ 表示，如图 2.9 所示。

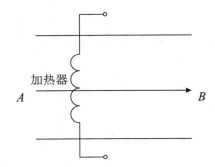

图 2.8　空气经过电加热器示意图

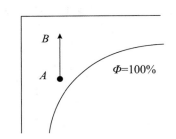

图 2.9　加热过程在焓湿图上的表示

2.5.5　等焓加湿过程在焓湿图上的表示

在喷水室利用循环水喷淋空气，这是空调工程中的加湿方法之一，如图 2.10 所示。水与空气长时间直接接触，水吸收空气中的显热而蒸发为水蒸气，空气的显热量减少，蒸发的水蒸气跑到空气中，空气含湿量增加，潜热上升，两相抵消，焓值基本不变，这种方式加湿称为等焓加湿。在焓湿图上等焓加湿过程可以用直线 $A \rightarrow E$ 表示，如图 2.11 所示。

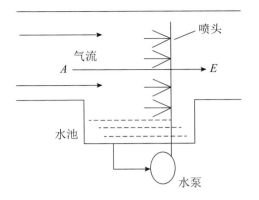

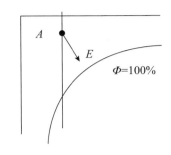

图 2.10　喷水室加湿示意图　　　　图 2.11　等焓加湿在焓湿图上的表示

2.6　空气环境对数据中心的影响

有了对空气基本物理性质的了解，下面来讨论一下空气环境对数据中心的影响。

2.6.1　数据中心IT设备的特点

一个运行中的数据中心，其暖通系统首先必须解决由于 IT 设备大量散热产生的控制空气环境温度使之不至于过高的问题，数据中心中大量使用服务器等 IT 设备，其核心器件为半导体器件，发热量很大。以主要的计算芯片 CPU 为例，早年其发展速度遵循著名的"摩尔定律"，即半导体芯片上的晶体管数（密度）大约每两年就翻一番，现在虽然提升速度有所放缓，但之前的累积增长已经到了一个相当高的高度。

随着 CPU 运算速度的提升，所需要的驱动功率也成倍增加。为了平衡运算速度的提高和驱动功率的增长，出现了双核、三核、四核的 CPU，并且 CPU 的功率需求也进一步提升。除 CPU 外，计算机的其他处理芯片，如总线、内存、I/O 设备等，均是高发热器件。当前，1U 高（约 44.4mm）的双核服务器的发热量可达 1000W 左右，放满刀片式服务器的机柜满负荷运转，发热量可达 20 ～ 30kW。

以服务器为例，其功率密度在过去的 10 年中增长了 10 倍。这个数据基本意味着单位面积的发热量也提高了近 10 倍。

与此同时，在同等计算能力下，计算机集成度大大提高了。

在同等计算能力下消耗的机柜、服务器数量、占地和耗电对比如图 2.12 所示。

图 2.12　在同等计算能力下消耗的机柜、服务器数量、占地和耗电对比

　　数据中心一旦投入运行，其 IT 设备处于每年 365 天，每天 24 小时不间断运行过程中，除了前述必须保证为 IT 类设备提供正常工作的温度环境外，对湿度、空气洁净度等空气环境指标也有要求。每个 IT 设备的厂家对设备运行环境的温度、湿度、洁净度都有一个严格的要求范围。表 2.3 为部分厂家、机构对设备运行环境的要求。部分交换机型号对设备运行环境的要求如表 2.4 所示。

表 2.3　部分计算机厂家、机构对设备运行环境的要求

国家	公司	标准	温度 /℃	湿度 /%
美国	IBM 公司部分机型		24±1	50±10
		ASHRAE 标准	23.9±1	45±5
	Honey Well 部分机型		22±1	40～60
日本	富士通		22～24±2	50±10
	横河电机研究所		夏 26±2	50±10
			冬 21±2	
	工业标准 JEIDA-29 A 级		15～30	40～70
	工业标准 JEIDA-29 B 级		5～40	20～80
	工业标准 JEIDA-29 S（S$_1$）级		0～50	10～90
德国	西门子公司部分机型		20±2	55±5

表 2.4　部分交换机型号对环境的要求

生产国	设备型号	建议范围	
		温度 /℃	湿度 /%
瑞典	AXE -10	15～25	40～65
日本	HDX-10	18～30	50～60

续表

生产国	设备型号	建议范围	
		温度 /℃	湿度 /%
法国	$E_{10}B$	15 ～ 30	30 ～ 70
中国	S1240	15 ～ 35	20 ～ 80
	F-150	15 ～ 30	40 ～ 64

2.6.2　不良空气环境对数据中心IT设备的危害

数据中心不良空气环境会对 IT 设备产生危害。

数据中心的不良空气环境包括温度问题、湿度问题、灰尘量超标问题等。

1. 温度问题

温度与平均无故障工作时间（Mean Time Between Failure，MTBF）的关系存在一个"10℃"法则：由于现代电子设备所用的电子元器件的密度越来越高，使元器件之间通过传导、辐射和对流产生了热耦合。因此，热应力已经成为影响电子元器件失效率的一个最重要的因素。对于某些电路来说，可靠性几乎完全取决于热环境。为了达到预期的可靠性目的，必须将元器件的温度降低到实际可以达到的最低水平。有资料表明：环境温度每提高 10℃，元器件寿命约降低 30% ～ 50%。这就是有名的"10℃"法则。

高温对元器件的具体影响如下：

■　对于半导体器件，由于电子元器件在工作时产生大量的热，如果没有有效的措施及时把热散走，就会使集成电路和晶体管等半导体器件形成结晶，这种结晶是直接影响计算机性能、工作特性和可靠性的重要因素。根据实验得知，室温在规定范围内每增加 10℃，其可靠性约降低 25%。器件周围的环境温度大约超过 60℃时，就将引起计算机发生故障，当半导体器件的结温过高时，其穿透电流和电流倍数就会增大。

■　对于电容器，温度对电容器的影响主要是：使电解电容器电解质中的水分蒸发增大，降低其容量，缩短使用寿命，改变电容器的介质损耗，影响其功率因数等参数的变化。由实验得知，在超过规定温度工作时，温度每增加 10℃，其使用时间下降 50%。

■　对于记录介质，实验表明，当磁带、磁盘、光盘所处温度持续高于 37.8℃时，开始出现损坏；当温度持续高于 65.6℃时则完全损坏。

■　对于磁介质来说，随着温度的升高，磁导率增大；当温度达到某一值时，磁介质丢失磁性，磁导率急剧下降。磁性材料失去磁性的温度称为居里温度。

■　对于绝缘材料，由于高温的影响，用玻璃纤维胶板制成的印制电路板将发生变形甚至软化，结构强度变弱，印制板上的铜箔也会由于高温的影响而使粘贴强度降低甚至剥落。高温还会加速印制插头和插座金属簧卡的腐蚀，使接点的接触电阻增加。

- 对于电池，电池寿命与温度的关系如图 2.13 所示。电池是对环境温度最敏感的器件（设备），其适宜的工作温度在 25℃上下，每上升 10℃，寿命下降 50%。

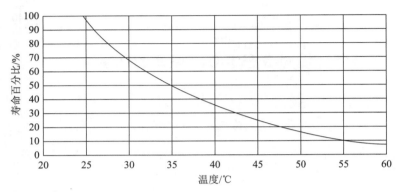

图 2.13　电池寿命与温度关系

以上说明了高温对元器件的具体影响，低温同样导致 IT 设备运行、绝缘材料、电池等出现问题。当机房温度过低时，部分 IT 设备将无法正常运行。低温对 IT 设备运行的具体影响如下：

- 当机房环境温度低于 5℃时，通信设备将无法正常运行。
- 当机房的环境温度低于 -40℃时，铅酸电池无法提供能量。
- 低温时，绝缘材料会变硬、变脆，结构强度同时也减弱。
- 对于轴承和机械传动部分，由于低温其自身所带的润滑油受冷凝结，黏度增大而出现黏滞现象。
- 温度过低时，含锡量高的焊剂会发生支解，从而降低电气连接的强度，甚至出现脱焊、短路等故障。
- 对于电池，当工作温度为 25℃之下时，随着温度的下降，电池放电容量下降。低温影响电池放电容量如图 2.14 所示。

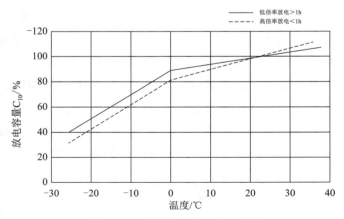

图 2.14　低温影响电池放电容量

2. 湿度问题

通常，湿度要求为 40% ～ 65%，在 IT 类设备工作时，湿度要求为 40% ～ 55%。如果湿度超过 65%，为湿度过高。如果湿度超过 80%，属于潮湿。如果湿度低于 40%，属于湿度过低（空气干燥）。

1）湿度过高对 IT 类设备运行的影响

当空气的相对湿度大于 65% 时，物体的表面会附着一层厚度为 0.001 ～ 0.01μm 的水膜。当湿度为 100% 时，水膜厚度为 10μm。这样的水膜容易造成"导电小路"或者飞弧，会严重降低电路可靠性。

在相对湿度保持不变的情况下，温度越高，对设备的影响越大，这是因为水蒸气压力随温度升高而增大，水分子易于进入材料内部。

当相对湿度由 25% 增加到 80% 时，纸张的厚度将增加 80%，这就是在潮湿的天气里，打印机无法正常工作的原因。

2）湿度过低对 IT 类设备运行的影响

静电放电（Electrostatic Discharge，ESD）是电子工业中曾遍存在的"硬病毒"，在内外因条件具备的特定时刻便会发作，已成为电子工业的隐形杀手。

据报道，仅美国电子工业每年因 ESD 造成的损失就达几百亿美元。根据 Intel 公司公布的资料显示，在引起计算机故障的诸多因素中，EOS（Electrical Over Stress，电气过应力）/ ESD 是最大的隐患，将近一半的计算机故障都是由 EOS/ESD 引起的，ESD 对计算机的破坏作用具有隐蔽性、潜在性、随机性和复杂性的特点。

Intel 公司统计的计算机故障原因分布，如图 2.15 所示。

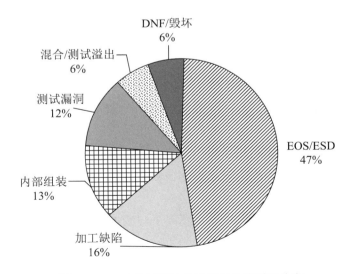

图 2.15　Intel 公司统计的计算机故障原因分布

IT 类设备由众多芯片、元器件组成，这些元器件对静电都很敏感，不同的静电敏感器件受静电损伤的阈值电压如表 2.5 所示。

表 2.5　静电损伤的阈值电压

器件类型	耐静电放电电压值 /V
奔腾处理器	5
EPROM 芯片	100
CMOS	250
肖特基二极管	300
可控硅	680

在空气湿度过低（干燥环境）时，工作人员的活动非常容易产生静电。表 2.6 反映的是在不同条件下人的各种动作所产生的静电电压。

表 2.6　静电电压产生量

人体动作产生的静电电压 /kV	相对湿度		
	10%	40%	55%
人在塑胶地板上行走	12	5	3
人在塑胶工作台上工作	6	0.8	0.4
在塑料台面上滑动塑料盒	18	9	2
从泡沫塑料包装中取出 PCB	21	11	5.5

实验表明，当机房相对湿度为 30% 时，静电电压为 5000V；当相对湿度为 20% 时，静电电压为 10 000V；当相对湿度降到 5% 时，静电电压高达 20 000V 以上。

根据 IEC 61000-4-2 测试标准，静电放电时，产生的瞬间电压可达到 7000V，甚至超过 10 000V。

3. 灰尘问题

除温度和湿度之外，灰尘对 IT 类设备是更厉害的杀手。其危害表现在以下几个方面。

1）腐蚀电路板

微小颗粒吸收空气中的湿气后，在被微小颗粒污染的设备表面上形成电解层，这对许多金属会产生腐蚀作用。如果电解液浸透到导线保护层形成腐蚀点，并且该腐蚀点所处位置的导体有不同的电压，则在导线与导体之间就可能产生电弧，这样的电弧通常会烧坏元器件。严重的电弧会电解电路板形成导电电桥。

2）降低绝缘性能

灰尘中存在大量的金属离子，这些金属离子与潮湿空气结合，就会降低电路与元器件的绝缘性能。

3）影响散热

间接地促使零部件温度升高，影响寿命。一定量的灰尘附着在电路与元器件上，影响散热效果，导致局部元器件的温度上升。

除了上述几点外，美国贝尔实验室研究报告认为，导致电子设备退化的最主要环境因素是灰尘颗粒和水蒸气。暴露在潮湿空气中的电子设备被微小颗粒污染后，就可能产生故障，这种故障在电信系统通常表现为串话和软故障。

数据中心非常重视防尘工作。在基础设施完工，机架准备投用前需要对整个数据中心进行"精保洁"。在整个建设阶段，也非常重视防尘工作。机房土建中，要注意室内地面的工艺及质量，防止不合格地面后期不断产生灰尘杂质。土建完成，进入 IT 机房内部机柜及设备安装阶段时，要注意场地清洁，定期清理已就位机柜的内外表面；有切割板材等造成大量灰尘的作业，尽量安排在室外进行，要防止施工作业产生的灰尘进入 IT 机柜，必要时对 IT 机柜区域进行遮挡密封以防施工降尘。

2.7　热力学基本定律及其在制冷技术中的应用

制冷及空调设备运行过程中存在着热量的转移、能量的转换，研究这类热能与其他形式能量之间相互转换规律的问题属于热力学的范畴。热力学（Thermodynamics）是从宏观角度研究物质的热运动性质及其规律的学科，属于物理学的分支。早期热力学的发展与蒸汽机的使用与发展密切相关。蒸汽机的活塞、气缸、曲柄连杆等机构与活塞式压缩机的相应部件其实是相似的。在空调制冷领域里广泛使用着热力学的理论与实践研究成果，以下先介绍一下热力学基本定律。

2.7.1　热力学第一定律

热力学第一定律是能量守恒与转换定律在热力学范畴的具体运用。

在常见的热能与机械能之间的转换过程中，存在这样的规律：一定量的热能消失时必然产生数量一定的机械能；反之，当一定量的机械能消失时，将产生一定数量的热能，转换前后能量的总量维持恒定。这就是热力学第一定律。

原理内容比较抽象，下面举个简单的例子说明一下能量转换的场景。

汽车发动机对外做功时，燃油燃烧产生的热能传给气缸内气体，气体通过改变容积推动活塞做了功，将热能转换为机械能；活塞式空气压缩机或氟利昂压缩机对外做功，是由压缩机通过活塞往复机械运动，对制冷剂蒸气进行压缩，使得气体温度升高，将是机械能转换为热能。

热力学第一定律也可表述如下。

进入系统的能量 = 系统中内能的增加 + 离开系统的能量

以封闭热力发动机系统为例，如图 2.16 所示，设封闭系统有 m kg 工质（空气），当外界加给系统热量 Q 时，系统内能增加了 ΔU，同时工质推动活塞左移，对外界做了膨胀功 W。热力学第一定律认为：当系统与外界发生能量传递与转换时，加给系统的能量等于系统内能的增加与系统对外界做功之和。于是便可写出热力学第一定律的数学

表达式为

$$Q=\Delta U+W$$

式中：$Q>0$ 时，外界对系统增加热，$Q<0$ 时，系统对外界放热；

$\Delta U>0$ 时，系统内能增加，$\Delta U<0$ 时，系统内能减少；

$W>0$ 时，系统对外界做功，$W<0$ 时，外界对系统做功。

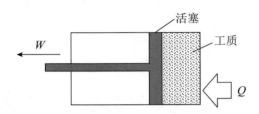

图 2.16   封闭热力发动机工作示意

热力学第一定律是人们在长期的实践中总结出来的原理，没有任何前提假设和推导，具有广泛的意义。

2.7.2   热力学第二定律

能量转换过程能否实现呢？过程可能向什么方向发展？过程进行到什么程度为止？这些具有很大实际意义的问题，热力学第一定律没有给予解决，而热力学第二定律却给予了答案。有许多自然现象是不可逆的，是有方向性的。例如：水往低处流，热量总是自发地从高温物体传向低温物体，这类过程称为自发过程；反之，低处的水不会自发地向高处流，热量不会自发地从低温物体传向高温物体；这类不能自动进行的过程称为非自发过程。

非自发过程并非绝对无法实现。例如：利用水泵就可将水从低处送到高处，利用制冷机就可将热量从低温物体传向高温物体。

热力学第二定律有多种表述，其中之一就是：热量不可能自发地、不付代价地从低温物体传向高温物体。

第二定律告诉我们，在制冷过程中，只有消耗外界一定的能量（机械能或热能）作为补偿，才能实现将热量从低温物体（被冷却介质）传向高温物体（环境介质）的过程，从而实现制冷的目的。制冷循环，如图 2.17 所示。

热力学第二定律的另一表述是：物质从高温物体吸收的热量只能部分做功转换为机械能，剩余部分热量传给低温物体。亦即热机的热效率永远小于 1。

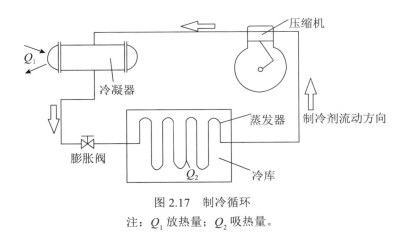

图 2.17 制冷循环

注：Q_1 放热量；Q_2 吸热量。

2.7.3 热力学第三定律

热力学第三定律是研究低温现象而得到的一个定律。其表述为：绝对零度（0K）只能无限地接近，但无法达到。

2.8 蒸气压缩式制冷原理

蒸气压缩式制冷是数据中心空调系统必备的一种制冷方式。这种方式使用一种叫作氟利昂的物质来吸取室内热量，并带至室外散发到空气中。在此过程中，氟利昂是被不断循环利用的，理论上没有任何损耗。

要完成氟利昂从室内将热量带到室外，除了需要氟利昂本身以外，一般还需要四大基本构件：压缩机、冷凝器、节流机构、蒸发器。由这四大构件可组成一个基本的制冷系统。如图 2.18 所示。在这样的系统中，氟利昂被称为制冷剂。

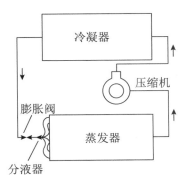

图 2.18 蒸气压缩式制冷系统

以下对这种使用氟利昂的制冷系统工作原理加以阐述。

取 1kg 液态 R12 注入气缸中，并保持在一定的压力下对其进行加热（或冷却），如图 2.19 所示，此时所引起的温度和体积的变化规律如图 2.20 所示。注意此处气缸活塞是既能起到密封作用又可以无摩擦自由滑动。

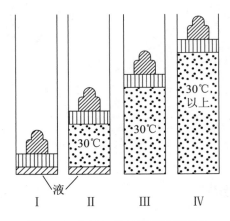

图 2.19　定压加热时氟利昂的变化

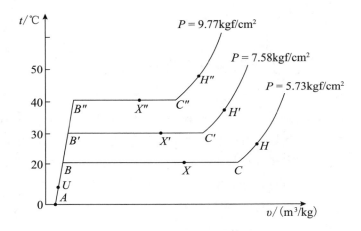

图 2.20　R12 定压加热时温度与体积的变化曲线

2.8.1　制冷剂的状态及相关术语

1. 定压

下面以一个实验案例讲解制冷剂在定压加热（或冷却）条件下状态的变化特性，实验采用的是氟利昂 -12（R12），其他种类氟利昂也有类似的特性。所谓定压就是在整个状态变化过程中气体压力不变。在研究其他问题时有时会在等容、等温的状态下进行实验，所谓等容、等温分别是指在整个状态变化中保持气体体积不变或温度不变。

2. 饱和温度和饱和压力

在活塞上放不同重量的砝码，对制冷剂 R12 进行加热和冷却，我们可以得到一组曲线图。从图 2.20 中可以看出，不论多大压力，只要在等压条件下，制冷剂的温度、比容曲线的走向彼此相同。由于液体比容并不因压力的变化而有所改变，所以处于液态时的制冷剂在被加热或冷却时的变化曲线重叠在同一条线上；而其他部分的变化则是压力越大，其曲线就越在上方。

在 BC、$B'C'$、$B''C''$ 段同时存在着液态和气态制冷剂。如果制冷剂能够继续吸收外界的热量，则其中一部分液态制冷剂就会变成蒸气；反之，如果制冷剂向外放出热量，则其中的一部分蒸气又会变成液态制冷剂。像这种制冷剂的液态和气态共存，而液态和气态的制冷剂又可以彼此相互转换，处于一种动态平衡时，这种状态的制冷剂就叫作饱和蒸气。这时不管制冷剂的液体和蒸气的含量成何比例，都称制冷剂处在饱和蒸气状态中。

饱和蒸气的温度叫作饱和温度，饱和温度的值由制冷剂的压力决定。如图 2.19 中所示，对于 R12，当其压力为 7.58kgf/cm^2 时，饱和温度为 30℃；而其压力为 9.77kgf/cm^2 时，饱和温度为 40℃。使用饱和温度的概念时，其制冷剂的状态一定为饱和蒸气状态。这样，对于同一种制冷剂来讲，饱和温度和制冷剂的压力是单值对应关系，一定的压力对应着一定的饱和温度。

饱和温度和饱和压力，都是针对制冷剂处于饱和状态时的温度和压力而确定的概念，都有确切的内涵，不是一般的温度和压力的概念。同时，饱和温度和饱和压力之间有对应关系，当压力改变（换了砝码）时，前述的动态平衡受到破坏，经过一段时间后，又会建立新条件下的动态平衡，从而会有一组新的饱和温度和饱和压力值。

3. 临界温度和临界压力

各种气体在一定的温度和压力条件下都可以液化。但当温度升高超过某一数值时，无论多大的压力都不能使气体液化，这个温度就是临界温度。气体在临界温度时，能够使其液化的最低压力就是临界压力。各种制冷剂都有这样的临界点。

4. 干饱和蒸气

图 2.20 中 C、C'、C'' 点的状态都是在一定压力下具有饱和温度的蒸气，这种状态下的蒸气称为干饱和蒸气。

5. 饱和液

图 2.20 中 B、B'、B'' 点的状态都是在一定压力下具有饱和温度的液体，这种状态的液体称为饱和液。

6. 湿蒸气

图 2.20 中 BC、$B'C'$、$B''C''$ 段上制冷剂的状态正是我们前边所讲的饱和蒸气，它的构成包括气体和液体，气体和液体都是在一定压力下具有饱和温度的。图中 X、X'、X'' 都是 BC、$B'C'$、$B''C''$ 段上的饱和蒸气状态点，可以看出，它们对于同一压力的干饱和蒸气而言，都是含有了不同液体的湿饱和蒸气，简称湿蒸气。

7. 干度

饱和状态下湿蒸气中蒸气量与湿蒸气总量的比值就是干度，用符号 x 来表示。即

$$x = \frac{\text{湿蒸气中的蒸气量 /kg}}{\text{湿蒸气总量 /kg}}$$

因此，干饱和蒸气就是 $x=1$ 时的饱和蒸气，是饱和蒸气的特殊状态，饱和液就是 $x=0$ 时的饱和蒸气，是饱和蒸气的另一种特殊状态。这里也有一个湿度的概念，湿度可用 $1-x$ 表示。

8. 过热蒸气和过热度

如图 2-20 中 H、H'、H'' 点，这些状态点都是比处在同一个压力下的饱和温度还高的蒸气状态，我们称之为过热蒸气。

过热蒸气的温度与处在相同压力下的饱和温度之间的差值叫作过热度。

9. 过冷液和过冷度

图 2-20 中 U 点，是表示温度比处在同一个压力下的饱和温度还低的液体，我们称之为过冷液。

饱和温度与处在相同压力下的过冷液温度之间的差值叫作过冷度。

综合上面的内容，将制冷剂在一定压力下，因加热（或冷却）而引起的状态变化过程以表格的形式列出，更加一目了然，如表 2.7 所示。

表 2.7　定压加热（或冷却）时制冷剂状态的变化

状态	加热	冷却
过冷液	仍呈液体状态，温度上升，过冷度减小	仍呈液体状态，温度下降，过冷度增大
饱和液	温度不变，其中一部分液体蒸发，成为湿蒸气	仍呈液体状态，温度下降，成为过冷液
湿蒸气	温度不变，其中一部分液体蒸发成蒸气，干度增大	温度不变，其中一部分蒸气成为液体，干度减小
干饱和蒸气	仍呈蒸气状态，温度上升，成为过热蒸气	温度不变，其中一少部分蒸气成为液体，成为湿蒸气
过热蒸气	仍呈蒸气状态，温度上升，过热度增大	仍呈蒸气状态，温度下降，过热度减小

10. 蒸发与冷凝

在物理学中，物质由液态转变成气态的过程叫作气化。气化过程有蒸发和沸腾两种形式。在液体表面进行的气化现象叫蒸发，蒸发过程不附加条件，随时都可进行。但是蒸发过程进行的快慢与环境温度、与空气接触的面积大小以及液面周围空气流动的速度有关。液体内部和液体表面同时进行的气化现象叫沸腾。沸腾现象需要在一定的压力和一定的温度条件下进行。

在制冷技术中，蒸发的概念有别于物理学中的蒸发概念，它的含义相同于物理学中的沸腾。制冷剂在制冷设备蒸发器中物态变化实质是沸腾现象，所以蒸发器其实应该叫"沸腾器"才更为合理，只不过蒸发器的说法已经成为习惯。

制冷技术中谈到的蒸发是在饱和温度下进行的。我们知道，压力越小，饱和温度也越低。因此，保持较小的制冷剂压力，就可以使制冷剂在低温下进行蒸发。而液态的制冷剂在蒸发过程中需要从周围环境中取得蒸发潜热，所以制冷剂对周围环境中的物质起到降温冷却作用。

蒸发现象进行时的温度叫蒸发温度。其实质就是在制冷剂蒸发现象进行时的压力条件下其饱和温度。蒸发现象进行时的压力叫蒸发压力。其实质就是在制冷剂蒸发现象进行时的温度条件下其饱和压力。蒸发温度、蒸发压力与饱和温度、饱和压力，对于同一种制冷剂，其数值相同。

制冷技术中谈到的冷凝也是在饱和温度下进行的，冷凝过程就是物理学中讲到的液化过程。压力越大，饱和温度也越高，增加制冷剂的饱和压力，就可以使其在较高的温度下进行冷凝，从而使较高温度的制冷剂蒸气在冷凝过程中，向周围环境放热。

从蒸发器出来的制冷剂，由于从周围环境中取得蒸发潜热，绝大部分已成为气态制冷剂，其温度低于常温空气或常温水的温度，一般情况下不能向周围环境放出热量。如何将制冷剂在低温条件下蒸发时取得的热量转移到较高温度的环境中呢？只有对低温制冷剂蒸气进行压缩。由于压缩功加到气态制冷剂中使其压力增加，温度也升高，其饱和温度也随之提高了，所以这时的高压高温制冷剂蒸气才能向周围环境（常温空气或常温冷却水）放出热量，使其完成冷凝散热过程。

冷凝现象进行时的温度叫冷凝温度。其实质就是在制冷剂冷凝现象进行时的压力条件下，其饱和温度。冷凝现象进行时的压力叫冷凝压力，其实质就是在制冷剂冷凝现象进行时的温度条件下其饱和压力。所以，对同一制冷剂，其冷凝温度与冷凝压力有着单值对应关系。

2.8.2　制冷剂的压-焓图

制冷剂的热力状态可以用其热力性质表来说明，也可以用压-焓图来表示。压-焓图（$\lg P$-h 图）是一种以绝对压力的对数值 $\lg P$ 为纵坐标，焓值为横坐标的热工图表。

采用对数值 $\lg P$（而不采用 P）为纵坐标的目的是缩小图的尺寸，提高低压区域的精确度，但在使用时仍然可直接从图中读出 P 的数值。

图 2.21 所示压－焓图中有 6 种等状态参数线。

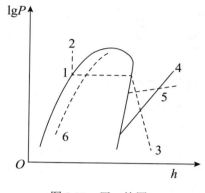

图 2.21　压－焓图

线 1：等压线 P，水平细直线。

线 2：等焓线 h，竖直细直线。

线 3：等温线 t，点画线，其在过冷液体区为竖直线，在湿蒸气区为水平线，在过热蒸气区为稍微向右下方弯曲的曲线。

线 4：等熵线 S，为从左到右稍向上弯曲的实线。"熵"是理论性较强的概念，这里不做深入介绍。简单来说，熵的含义是传热过程中热量除以温度所得的商。它不像压力、温度可用仪表测量，而是由数学演算导出的状态参数。

线 5：等比容线 v，在湿蒸气区和过热蒸气区中，为从左到右稍向上弯曲的虚线，但比等熵线平坦，在液体区中无等比容线，因为不同压力下的液体容积变化不大。

线 6：等干度线 x，只存在于湿蒸气区和过热蒸气区域内，走向与饱和液体线或干饱和蒸气线基本一致。

压－焓图上每一点都代表制冷剂的某一状态，在温度、压力、比容、焓、熵、干度 6 个状态参数中，只要知道其中任意两个独立的状态参数，就可以在图中确定其状态点，从而查出其他几个状态参数。

在制冷工程中，因为高压区和湿蒸气区的中间部分很少用到，所以有些压－焓图中往往将这两部分删去不画。不同的制冷剂，其压－焓图（$\lg P$-h 图）的形状也看所不同，常用制冷剂 R717、R12 及 R22 的饱和热力性质表可查相关工程表。

在工程计算中，根据需要也可以查取制冷剂的饱和热力性质表，根据一个状态参数，再查取制冷剂的饱和液体或干饱和蒸气的其他状态参数。

2.8.3　制冷系统中制冷剂的状态变化

前面已经介绍了制冷系统的基本组成，包括压缩机、冷凝器、节流机构、蒸发器。

其中节流机构有不同的种类，常见的有膨胀阀、毛细管等。

在制冷系统运行起来以后，氟利昂就开始在这个制冷系统内循环流动。压缩机的作用是提高气体压力，即气体经过压缩机后，压力增加。其他组成部分的作用就不如压缩机那么直观了，下面分别进行阐述。

1. 制冷剂在低压侧的状态变化

参看图 2.18，从膨胀阀经过蒸发器到压缩机吸气口之间为低压侧，在低压侧的任何地方都具有相等的低压侧压力（简称低压），这是由流体的性质及制冷装置的物理结构所决定的。低压用符号 P_0 表示。低压侧压力实际上等于蒸发器内的压力（即蒸发温度下的饱和压力），所以蒸发温度的数值可以从低压侧压力表的读数经查询制冷剂热力特性表得知。

在低压侧，制冷剂的压力保持一定的低压（P_0）。与此同时，制冷剂不断从周围吸取热量。制冷剂的变化主要是蒸发，而且蒸发结束以后，依然继续吸取热量，因此经常出现过热现象。制冷剂在经过膨胀阀后，进入到蒸发器时处在低压（P_0）下，这是由于节流膨胀原因已有一部分液态制冷剂变为蒸气，呈湿蒸气状态。

低压侧制冷剂的变化是在压力一定的条件下实现的，因在变化过程中不断取得热量，所以焓值增大，在此过程中制冷剂并没有做功，所以焓值的增大只是因为吸热引起的。

2. 制冷剂在高压侧的状态变化

从压缩机出口经冷凝器到膨胀阀（节流阀）之前这一段为高压侧。在高压侧的任何地方都具有相等的高压侧压力（简称高压），这也是由流体的性质及制冷装置的物理结构所决定的。高压用符号 P_k 表示。高压侧的压力实际上等于冷凝器内的压力，即在冷凝温度下制冷剂的饱和压力，所以通过高压侧的压力表读数经查询制冷剂热力特性表可知冷凝温度的大致数值。

在高压侧，制冷剂的压力保持着一定的高压（P_k），并且制冷剂要向周围环境散发热量。制冷剂的状态变化主要是冷凝，此外也存在过热蒸气的冷却及饱和液的过冷。

制冷剂从压缩机排出进入高压侧时的压力为 P_k，一般为过热蒸气状态。制冷剂在高压侧的压力变化是在等压条件下进行的，在这一变化过程中，因制冷剂失去了热量，焓值减小。制冷剂在高压侧并没有做功，所以焓值的减少完全是因为失去热量所致。

综上，制冷剂在高压侧压力始终不变，为 P_k，温度则由压缩结束时的温度先降至此压力下的饱和温度 t_k，随后在冷凝过程末尾全部变为液体后出现显热传热而下降到低于 t_k。

3. 制冷剂在压缩机中的压缩

制冷剂由于压缩，体积缩小，压力由低压 P_0 上升到高压 P_k。随着压力和比容变化，制冷剂的温度升高。一般来讲，制冷剂被压缩后变为过热蒸气。

由于压缩是在极短的时间内完成的，所以可以认为在这极短的时间内，制冷剂与外界没有热量交换，可近似认为是绝热压缩。通过热力学可知，在绝热压缩过程中，蒸气的压力 P 和比容 v 的关系是

$$Pv^k = 常数$$

这就是说因绝热压缩而使压力上升的程度与 $k = c_p/c_v$ 的数值有关，k 叫作绝热压缩指数，c_p 是制冷剂的比定压热容，c_v 是制冷剂的比定容热容。

4. 制冷剂在节流机构中的节流膨胀

制冷剂由冷凝器到达膨胀阀时，一般是压力为高压 P_k 的过冷液。当制冷剂在通过膨胀阀的狭窄阀路或毛细管的狭长管路时，由于阻力的作用，使制冷剂的压力从高压 P_k 降到低压 P_0，同时一部分液态制冷剂变为蒸气（闪发蒸气），体积增大。所以进入蒸发器时制冷剂已变为湿蒸气（即含气液两相），它的压力就是蒸发器中的压力 P_0，温度即此压力所对应的饱和温度，亦为蒸发温度 t_0。

5. 制冷剂在制冷系统中的循环变化

当一个制冷循环已经运行起来后，制冷剂在整个循环过程中是这样变化的：制冷剂在蒸发器中吸收热量由湿蒸气状态（气液两相状态）逐渐变为干饱和蒸气；然后被压缩机吸入气缸内经压缩而变成高压为 P_k 的过热干蒸气；再进入高压侧的冷凝器中被冷却、冷凝，其温度是处于高压 P_k 下的饱和温度，即冷凝温度，此时制冷剂的状态为饱和液；饱和液进入连接铜管流向膨胀阀，过程中又失去一些热量，其温度继续下降，到达膨胀阀时已经成为过冷液，过冷液再通过膨胀阀，经节流膨胀，压力降到低压 P_0；接着制冷剂过冷液进入蒸发器中，其温度也降至此压力下的饱和温度，这时制冷剂又处于湿蒸气状态。在蒸发器中制冷剂继续吸热蒸发，又由气液两相状态逐渐变为单相状态——干饱和蒸气，又被压缩机吸入……如此往复，实现制冷循环，如图 2.22 所示。

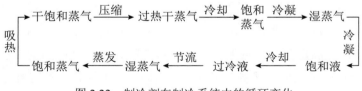

图 2.22　制冷剂在制冷系统中的循环变化

6. 制冷循环在压-焓图上的表示

将氟利昂在制冷循环过程中压力与焓这两个状态参数的变化以曲线的方式表达出来，就得到了图 2.23 所示的图形。

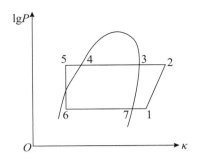

图2.23 制冷循环在压焓图上的表示

图2.23中1—2为压缩过程，2—5为冷凝过程，5—6为节流过程，6—1为蒸发过程。3、4、7点的意义请读者结合前面讲述内容自己体会。

对于不同的制冷剂，压-焓图上表达的制冷过程图形是类似的，但点位对应的压力值、焓值是不同的。各种制冷剂的压焓图是公开资料，可以查得，此处不再赘述。

2.9 制冷剂、载冷剂和润滑油

制冷剂又称制冷工质，它是在制冷系统中不断循环并通过其本身的状态变化以实现制冷的工作物质。

载冷剂是用来先接受制冷剂的冷量而后去冷却其他物质的媒介物质，又称冷媒。它在间接制冷系统中起着传递制冷剂冷量的作用。

润滑油在制冷工程上通常称为冷冻机油，它在制冷压缩机的运行中起着重要的作用。

2.9.1 制冷剂

制冷剂在蒸发器内吸收被冷却介质（水或空气等）的热量而汽化，在冷凝器中将热量传递给周围空气或水而冷凝。它的性质直接关系到制冷装置的制冷效果、经济性、安全性及运行管理，因而对制冷剂性质要求的了解是不容忽视的。

1. 对制冷剂的要求

对制冷剂的要求具体如下：

（1）临界温度要高，凝固温度要低。这是对制冷剂性质的基本要求。临界温度高，便于用一般的冷却水或空气进行冷凝；凝固温度低，以免其在蒸发温度下凝固，便于满足较低温度的制冷要求。

（2）在大气压力下的蒸发温度要低。这是低温制冷的一个必要条件。

（3）压力要适中。蒸发压力最好与大气压接近并稍高于大气压力，以防空气渗入制冷系统中，从而降低制冷能力。冷凝压力不宜过高，以减少制冷设备承受的压力，以免压缩功耗过大并降低高压系统渗漏的可能性。

（4）单位容积制冷量 q_v 要大。这样在制冷量一定时，可以减少制冷剂的循环量，缩小压缩机的尺寸。

（5）热导率（导热系数），要高，黏度和密度要小。这样可以提高各换热器的传热系数，降低其在系统中的流动阻力损失。

（6）绝热指数 κ 要小。这样可使压缩耗功减少，排气温度下降，有利于功效的提高和简化系统设计。

（7）具有化学稳定性。不燃烧、不爆炸、高温下不分解、对金属不腐蚀、与润滑油不起化学反应、对人体健康无损无害。

（8）价格便宜，易于购得。

（9）具有一定的吸水性，以免当制冷系统中渗进极少量的水分时，产生"冰塞"而影响正常运行。

2. 制冷剂的分类

1）按照化学成分分类

按照化学成分，制冷剂可以分为无机化合物、氟利昂、共沸混合物和碳氢化合物。

■ 无机化合物主要有氨、水、二氧化碳等。其中，氨和水仍然是当前常用的制冷剂。

■ 氟利昂制冷剂的种类很多，热力性质差别大，可用于不同的制冷系统。氟利昂是饱和碳氢化合物的卤族衍生物的总称。目前用作制冷剂的主要有甲烷和乙烷的衍生物，这些衍生物是用氟、氯和溴的原子代替原来化合物中的一部分或全部氢原子。氟利昂的优点是：无毒、不燃烧、对金属不腐蚀；主要缺点是容易泄漏，又不容易被发现。

■ 共沸混合物是将两种以上的制冷剂按照一定比例混合，其沸点相同，气、液两相的组成比例不变。共沸混合物是将来制冷剂的发展方向之一。共沸混合物代号 R 后的第一个数字是 5，目前常用的有 R502、R500 等。

■ 碳氢化合物制冷剂有甲烷、乙烷、丙烷、正丁烷、乙烯、丙烯等，主要用于石油化工业。

2）按正常工作时的冷凝压力和蒸发温度高低分类

根据制冷剂在常温下在冷凝器中冷凝时饱和压力 P_k 和正常蒸发温度 T_0 的高低，一般分为以下 3 大类。

■ 低压高温制冷剂。

冷凝压力 $P_k \leqslant 3\text{kg/m}^2$（绝对），$T_0 > 0\,℃$。

例如 Rll（CFC13），其 $T_0=23.7\,℃$。这类制冷剂适用于空调系统的离心式制冷压缩机中。通常 $30\,℃$ 时，$P_k \leqslant 3.06\text{kg/cm}^2$。

■　中压中温制冷剂。

冷凝压力 P_k < 20kg/cm² （绝对），0℃ > T_0 > -60℃。

例如 R717、R12、R22 等，这类制冷剂一般用于普通单级压缩和双级压缩的活塞式制冷压缩机中。

■　高压低温制冷剂。

冷凝压力 P_k ≥ 20kg/cm² （绝对），T_0 < -70℃。

例如 R13（CF₃Cl）、R14（CF₄）、二氧化碳、乙烷、乙烯等，这类制冷剂适用于复叠式制冷装置的低温部分或 -70℃ 以下的低温装置中。

3. 常用制冷剂的特性

目前使用的制冷剂已达 70 ～ 80 种，并还在不断地增多。用于食品工业和空调制冷的仅 10 多种，其中被广泛采用的只有以下几种。

1）氨（制冷剂编号：R717）

氨是目前使用最为广泛的一种中压中温制冷剂。氨蒸气无色、具有强烈的刺激性臭味。氨的凝固温度为 -77.7℃，标准蒸发温度为 -33.3℃，在常温下冷凝压力一般为 1.1 ～ 1.3MPa，即使当夏季冷却水温高达 30℃ 时也绝不可能超过 1.5MPa。氨的单位容积制冷量大约为 520kcal/m³。

氨作为制冷剂的优点是：易于获得，价格低廉；压力适中；单位制冷量大；放热系数高；几乎不溶解于油；流动阻力小；泄漏时易发现。其缺点是：有刺激性臭味；有毒；可以燃烧和爆炸；对铜及铜合金有腐蚀作用。

2）氟利昂 -12（制冷剂编号：R12）

R12 为烷烃的卤代物，学名为二氟二氯甲烷。它是我国中、小型制冷装置中使用较为广泛的中压中温制冷剂。R12 的标准蒸发温度为 -29.8℃，冷凝压力一般为 0.78 ～ 0.98MPa，凝固温度为 -155℃，单位容积制冷量约为 288kcal/m³。

R12 是一种无色、透明，没有气味，几乎无毒性，不燃烧、不爆炸，很安全的制冷剂。只有在空气中容积浓度超过 80% 时才会使人窒息；但与明火接触或温度达 400℃ 以上时，则分解出对人体有害的气体。

R12 消耗臭氧层潜值（Ozone Depleting Potential，ODP）为 1.0，全球增温潜值（Global Warming Potential，GWP）为 2.8 ～ 3.4。（ODP 是衡量物质对臭氧层的破坏作用的一个指标。GWP 是表示物质温室效应影响大小的一个指标。）

R12 由于破坏大气层中的臭氧层，目前在中国已被禁止生产和使用。其替代产品为 R134A、R600A。

3）氟利昂 -22（制冷剂编号：R22）

R22 也是烷烃的卤代物，学名为二氟一氯甲烷，标准蒸发温度约为 -41℃，凝固温度约为 -160℃，冷凝压力同氨相似，单位容积标准制冷量约为 454kcal/m³。

R22 的许多性质与 R12 相似，R22 也是一种无色、透明，没有气味，几乎无毒性，不燃烧、不爆炸，对金属无腐蚀，很安全的制冷剂；但化学稳定性不如 R12，毒性也比 R12 稍大。但是，R22 的单位容积制冷量却比 R12 大得多，接近于氨。当要求 -40～-70℃ 的低温时，利用 R22 比 R12 适宜，故目前 R22 被广泛应用于 -40～-60℃ 的双级压缩或空调制冷系统中。

R22 消耗臭氧层潜能值（ODP）为 0.05，全球增温潜能值（GWP）为 0.35。

在中国，R22 将在 2035 年禁止生产和使用。现在已有多种制冷剂可以替代 R22。

4）氟 134A（制冷剂编号：R134A）

氟 134A（$C_2H_2F_4$）是一种替代 R12 的新制冷剂，它的标准蒸发温度为 -26.5℃，凝固点为 -101.0℃。

R134A 的主要热力性质与 R12 非常接近，化学稳定性比较好，对金属的腐蚀程度比 R12 小。R134A 的特点是对大气臭氧层没有破坏作用，ODP 为 0，安全无害。以 R12 为制冷剂的制冷机改用 R134A 后，基本上不需要更换什么部件，制冷量和能效比都不会有太大的变化，因此它一开始就被作为 R12 的重要替代制冷剂进行研究。但是原先使用 R12 的制冷机改用 R134A 后，原来的烷烃类润滑油不再适用，须改用酯基类润滑油，它们之间互溶性较好。

5）氟 410A（制冷剂编号：R410A）

氟 410A 是由两种物质混合而成的制冷剂，组成它的两种物质分别为 R32 和 R125，两种物质按质量百分比（50/50）组成，标准蒸发温度为 -50.5℃。氟 410A 是一种环保型制冷剂，对臭氧层无破坏，ODP 为 0，它用以替代 R22；但要注意它的压力比同温度下的 R22 的压力高很多，因此要使用专门的制冷压缩机。所谓替代不是对原有 R22 系统实施灌注式替代，而是只能用于新设计的系统中。R410A 单位容积制冷量较大，传热性能及流动性能较好。

6）氟 407C（制冷剂编号：R407C）

氟 407C 是由 3 种物质 R32、R125、R134A 按质量百分比 23/25/52 组成，它也是一种环保型制冷剂，对臭氧层无破坏，ODP 为 0，用以替代 R22。其传热性能比 R22 差，为达到与 R22 相同的制冷量，冷凝器和蒸发器的面积需要增大。R407C 不能与矿物油互溶，但能溶于聚酯类合成润滑油。在空调工况下，其制冷量及制冷系数比 R22 略低约 5%。

2.9.2　载冷剂

载冷剂从字面意义解读就有"运载"的意思，而实际上它就是"运载冷量"的一种物质，在间接制冷系统中，通过载冷剂来先接受制冷剂的冷量而后去冷却其他物质。它起着传递制冷剂冷量的作用。

载冷剂在间接冷却系统中，起冷量传输和分配作用。

1．对载冷剂的要求

选择载冷剂时应考虑的因素有凝固点、比热容、对金属腐蚀性和价格等。具体要求如下：

（1）比热容要大。比热容大，载冷量就大，从而可减小载冷剂的循环量。

（2）黏度低、导热系数高。

（3）凝固点低且要适宜，因凝固点过低将导致比热容减小、黏度增大。

（4）无臭、无毒，使用安全，并且对金属的腐蚀性要小。

（5）价格低廉，易于购得。

2．常用载冷剂及性质

载冷剂的种类较多，可以是气体、液体或固体。常用载冷剂有空气、水和盐水溶液。

1）空气和水

空气和水是最廉价、最易获得的载冷剂。两者都具有密度小、安全无害、对设备几乎无腐蚀性等优点。但空气的比热容小，所以只有利用空气直接冷却时才采用空气作载冷剂；水虽有比热容大的优点，但水的凝固点高，所以仅能用作0℃以上的载冷剂，0℃以下应采用盐水作载冷剂。

2）盐水溶液

盐水是最常用的载冷剂，由盐溶于水制成。常用的盐水主要有氯化钠水溶液和氯化钙水溶液。盐水的性质与溶液中含盐量的多少有关。特别需要指出，盐水的凝固点取决于盐水的浓度。不同的盐水溶液的共晶点是不同的，如氯化钠盐水的共晶温度为-21.2℃，共晶浓度为22.4%；而氯化钙盐水的共晶温度为-55℃，共晶浓度为29.9%。

盐水虽具有原料充沛、成本低、凝固点可调等优点，但由于盐水的浓度对盐水溶液的性质具有很大影响，故盐水作为载冷剂要合理地选择盐水的浓度，注意盐水对设备及管道的腐蚀问题，同时也必须定期检测盐水的比重。

3）有机载冷剂

有机载冷剂分为以下3种。

（1）甲醇（CH_4O）、乙醇（C_2H_6O）和它们的水溶液。

甲醇的凝固点为-97.8℃，乙醇的凝固点为-114.1℃。因它们的纯液体比重和比热容都比盐水低，故可以在更低的温度下载冷。甲醇比乙醇的水溶液黏性稍大一些。它们的流动性都比较好。因为甲醇和乙醇都有挥发性和可燃性，所以使用中要注意防火，特别是当机器停止运行，系统处于室温时，更须格外当心。

（2）乙二醇（$C_2H_6O_2$）、丙二醇（$C_3H_8O_2$）和丙三醇（$C_3H_8O_3$）水溶液。

乙二醇和丙二醇水溶液的特性相似，它们的共晶温度可达-60℃左右（对应的共晶浓度为0.6左右）。它们的比重和比热容较大，溶液黏度高，略有毒性，但无危害。在-20℃以下的工艺制冷使用中，为了降低溶液黏度，往往在乙二醇溶液中加入乙醇，变成三元混合溶液，一般配方为乙二醇∶乙醇∶水＝40∶20∶40，溶液的凝固点为 -64℃，比重为 1，比热容为 3.14kJ/（kg·K），-35℃时的运动黏度为 $45×10^{-6}m^2/s$。

丙三醇（甘油）是极稳定的化合物，其水溶液对金属无腐蚀；无毒，可以和食品直接接触，是良好的载冷剂。

（3）纯有机液体。

纯有机液体有二氯甲烷（CH_2Cl_2）其制冷剂编号为 R30、三氯乙烯（C_2HCl_3）其制冷剂编号为 R1120 和其他氟利昂液体。它们的凝固点很低（在 -100℃左右或更低）。特点是比重大、黏性小、比热容小，可以用来得到更低的载冷温度。

2.9.3 压缩机润滑油

润滑油是蒸气压缩式制冷装置的专用润滑油，它直接影响制冷设备的功能和效果。在蒸气压缩式制冷机中，冷冻机油起减磨、密封、冷却、清净、防锈和防腐作用。

润滑油的性能指标包括：

（1）黏度。润滑油的一个主要性能指标，不同制冷剂对黏度有不同要求。压缩机中润滑油的黏度过大和过小都不好。

（2）浊点。当温度降低到某一数值时，润滑油中开始析出石蜡（即润滑油变得混浊）时的温度。制冷压缩机中所使用的润滑油的浊点应低于制冷剂的蒸发温度。

（3）凝固点。润滑油在试验条件下，冷却到停止流动的温度。用于制冷压缩机的润滑油，凝固点应越低越好。一般凝固点应低于 -40℃。

（4）闪点。润滑油加热到它的蒸气与火焰接触时，发生闪火的最低温度。制冷压缩机所用的润滑油的闪点应比排气温度高 25～35℃，以免引起润滑油的燃烧与结焦。

（5）化学稳定性和抗氧化性。润滑油应具有良好的化学稳定性和抗氧化性，否则在高温或金属的催化作用下，与制冷剂等接触起反应，会生成焦炭、酸性物等有害物质。

（6）含水量与机械杂质。润滑油中不应含有水分，因为水分不但会使蒸发压力下降，蒸发温度升高，而且会加剧润滑油的化学变化及腐蚀金属的作用。

（7）击穿电压。表示润滑油绝缘性能的指标。纯润滑油的绝缘性能很好，但当其含有水分、纤维、灰尘等杂质时，绝缘性能就会降低。

国家标准《冷冻机油》（GB/T 16630—2012）用于指导各个压缩机厂家对冷冻机油的选用。该标准包括 4 大类共 24 种规格，并规定了 29 项油的技术指标。标准规定的冷冻机油均为矿物型或合成烃型油，适用于氟氯烃类（CFCs，如 R12）、含氢氟氯烃类（HCFCs，如 R22）及 NH_3，不适用于含氢氟代烃类（HFCs，如 R134A）。

对于 R22 制冷剂一般选用 N32 以上的冷冻机油，对于 R12 一般选用 N32 以下的冷冻机油，对于 R134A、R407C、R410A 等无氟制冷剂一般选用醚类或酯类油等。

2.10　常见制冷方法

常见的制冷方法有相变制冷、热电制冷、气体膨胀制冷和涡流制冷等。

根据热力学定律，为了实现热量转移过程，需要消耗一定的外界能量作为补偿，使制冷剂在更低的温度下连续不断地从被冷却物体中吸收热量，达到制冷的目的。

2.10.1　常见制冷方法与原理

长久以来，人类不断在制冷技术领域进行研究与探索，各种制冷研究与探索层出不穷。目前研究比较多的制冷方法有相变制冷、热电制冷、气体膨胀制冷、涡流制冷、吸附制冷等几大类。

1. 相变制冷

物质有 3 种集态：气态、液态、固态。物质集态的改变称为相变。在相变过程中，由于物质分子重新排列和分子热运动速度的改变，会吸收或放出热量，这种热量称为潜热。物质发生从质密态到质稀态的相变时，将吸收潜热；反之，当它发生由质稀态向质密态的相变时，放出潜热。相变制冷就是利用前者的吸热效应而实现的。利用液体相变的，是液体蒸发制冷；利用固体相变的，是固体熔化或升华冷却。

相变制冷包括冰相变制冷、冰盐相变制冷、干冰相变制冷、其他固体升华冷却、液体蒸发制冷等。

下面重点介绍液体蒸发制冷。液体汽化形成蒸气，利用该过程的吸热效应制冷的方法称为液体蒸发制冷。

当液体处在密闭的容器内时，若容器内除了液体和液体本身的蒸气外不含任何其他气体，那么液体和蒸气在某一压力下将达到平衡，这种状态称为饱和状态。如果将一部分饱和蒸气从容器中抽出，液体就必然要再汽化出一部分蒸气来维持平衡。以该液体为制冷剂，制冷剂液体汽化时要吸收汽化潜热，热量来自被冷却对象，只要液体的蒸发温度比环境温度低，便可使被冷却对象的温度降低或者使它维持在环境温度下的某一低温。

为了使上述过程得以连续进行，必须不断地从容器中抽走制冷剂蒸气，再不断地将其液体补充进去。通过一定的方法将蒸气抽出，再令其凝结为液体后返回到容器中，就能满足这一要求。为使制冷剂蒸气的冷凝过程可以在常温下实现，需要将制冷剂蒸气的压力提高到常温下的饱和压力，这样，制冷剂将在低温低压下蒸发，产生制冷效应；又在常温和高压下凝结，向环境温度的介质排放热量。凝结后的制冷剂液体由于压力较高，返回容器之前需要先降低压力。由此可见，液体蒸发制冷循环必须具备以下 4 个基本过程：制冷剂液体在低压下汽化产生低压蒸气，将低压蒸气抽出并提高压力变成高压蒸气，将高压蒸气冷凝为高压液体，高压液体再降低压力回到初始的低压状态。其中将低压蒸气提高压力时需要能量补偿。

2. 热电制冷

热电制冷又称温差电制冷。它是利用热电效应（珀尔贴效应）的一种制冷方法。这种方法的制冷效果主要取决于两种材料的热电势。纯金属材料的导电性和导热性好，其珀尔贴效应很弱，制冷效率很低（不到 1%）。半导体材料具有较高的热电势，可以做成小型热电制冷器。

热电制冷原理，如图 2.24 所示。把一个 P 型半导体元件和一个 N 型半导体元件连成热电偶，接入直流电源。当直流电源接通，上面接头的电流方向是 N-P，温度降低，并且吸热，形成冷端；下面接头的电流方向是 P-N，温度上升，并且放热，形成热端。因为每对热电偶只需零点几伏电源电压，产生的冷量也很小，所以需要将许多热电偶连成热电堆后才能使用。借助各种传热器件，使热电堆的热端不断散热，并保持一定的温度，把热电堆的冷端放到工作环境中吸热，产生低温，这就是热电制冷的工作原理。

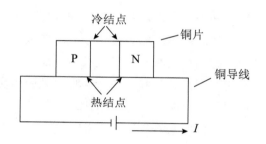

图 2.24　热电制冷原理

热电制冷器的结构和机理显然不同于液体蒸发制冷。它不需要明显的工质来实现能量的转移。整个装置没有任何机械运动部件。热电制冷的效率很低，半导体器件的价格又很高，而且必须使用直流电源，因此变压整流装置往往不可避免，增加了电堆以外的附加体积，故热电制冷不宜大规模使用。但由于它的灵活性强，使用方便可靠，非常适合于微型制冷领域或有特殊要求的用冷场合。

3. 气体膨胀制冷

当气体在管道中流动时，由于局部阻力，如遇到缩口和调节阀门时，其压力显著下降，这种现象叫作节流。工程上由于气体经过阀门等流阻器件时，流速大、时间短，来不及与外界进行热交换，可近似地按绝热过程来处理，称为绝热节流。

气体在绝热节流时，节流前、后的比焓值不变。这是节流过程的主要特征。由于节流时气流内部存在摩擦阻力损耗，所以它是一个典型的不可逆过程。

实验发现，实际气体节流前、后的温度一般将发生变化。气体在节流过程中的温度变化叫作焦耳－汤姆逊效应（简称焦－汤效应），造成这种现象的原因是实际气体的比焓值不仅是温度的函数，而且也是压力的函数。大多数实际气体在室温下的节流过程中都有冷却效应，即通过节流器件后温度降低，这种温度变化叫作正焦耳－汤姆逊效应。少数气体在室温下节流后温度升高，这种温度变化叫作负焦耳－汤姆逊效应。

4．涡流制冷

涡流冷却效应的实质是利用人工方法产生漩涡，使气体分为冷、热两个部分。利用分离出来的冷气流即可制冷。

气体经涡流而分离成两个部分是在涡流管的涡流室内进行的。涡流室内部形状为阿基米德螺线，经过压缩并冷却到室温的气体（通常是用空气，也可以用其他气体，如二氧化碳、氨等）进入喷嘴内膨胀以后，以很高的速度沿切线方向进入涡流室，形成自由涡流，经过动能的交换并分离成温度不相同的两个部分。中心部分的气流经孔板流出，即冷气流；边缘部分的气流从另一端经控制阀流出，即热气流。涡流管可以同时产生冷、热两种效应。根据试验，当高压气体的温度为室温时，冷气流的温度可达 $-50 \sim -10℃$，热气流的温度可达 $100 \sim 130℃$。控制阀用来改变热端管子中气体的压力，因而可调节两部分气流的流量比，从而也改变了它们的温度。

涡流管制冷的优点是结构简单，维护方便，启动快，并且能达到比较低的温度；其主要缺点是效率低。涡流管只宜用于那些不经常使用的小型低温试验设备。应用回热原理及喷射器来降低涡流管冷气流的压力，不仅可以进一步降低涡流管所能获得的低温，而且还可以提高涡流管的经济性。为了获得更低的温度还可以采用多级涡流管。

5．吸附制冷

吸附制冷系统是以热能为动力的能量转换系统，其原理是：一定的固体吸附剂对某种制冷剂气体具有吸附作用，而且吸附能力随吸附剂温度的改变而不同。利用这种性质，通过周期性地冷却和加热吸附剂，使之交替吸附和解吸：吸附时，制冷剂液体蒸发，产生制冷作用；解吸时，释放出制冷剂气体，并使之凝为液体。

2.10.2 常用蒸气制冷方法与原理

蒸气制冷方法是常用的制冷方法之一，包括蒸气压缩式制冷、蒸气吸收式制冷、蒸气喷射式制冷等。

1．蒸气压缩式制冷

蒸气压缩式制冷是最常见的制冷技术，它是相变制冷的一种形式。

以氟利昂作为工质的蒸气压缩式制冷是应用极为广泛的一种制冷形式。前面已经详细介绍，此处不再重复。

2. 蒸气吸收式制冷

蒸气吸收式制冷的基本系统如图 2.25 所示。

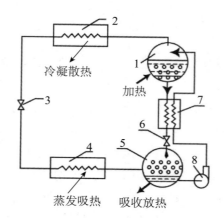

图 2.25　蒸气吸收式制冷的基本系统
1—发生器　2—冷凝器　3—制冷剂节流阀　4—蒸发器　5—吸收器
6—溶液节流阀　7—溶液热交换器　8—溶液泵

整个系统包括两个回路：制冷剂回路和溶液回路。系统中使用制冷剂和吸收剂作为工作流体，称为吸收式制冷的工质对。吸收剂对制冷剂气体有很强的吸收能力。吸收剂吸收了制冷剂气体后形成溶液，溶液经加热又能释放出制冷剂气体，因此，可以用溶液回路取代压缩机的作用，构成蒸气吸收式制冷循环。

在图 2.25 中，制冷剂回路由冷凝器、制冷剂节流阀、蒸发器组成。高压制冷剂气体在冷凝器中冷凝，产生的高压制冷剂液体经节流后到蒸发器蒸发制冷。

溶液回路由发生器、吸收器、溶液节流阀、溶液热交换器和溶液泵组成。

在吸收器中，吸收剂吸收来自蒸发器的低压制冷剂蒸气，形成富含制冷剂的溶液，将该溶液用泵送到发生器，经加热使溶液中的制冷剂重新以高压气态发生出来，送入冷凝器。另外，发生后的溶液重新恢复到原来成分，经冷却、节流后成为具有吸收能力的吸收液，进入吸收器，吸收来自蒸发器的低压制冷剂蒸气。吸收过程伴随释放吸收热，为了保证吸收的顺利进行，需要用冷却的方法带走吸收热，以免吸收液温度升高。

如果将吸收式制冷系统与压缩式制冷系统做对比，在蒸气吸收式制冷系统中，吸收器好比压缩式制冷系统中压缩机的吸入侧；发生器好比压缩机的排出侧；对发生器内溶液的加热，提供提高制冷剂蒸气压力的能量。

蒸气吸收式制冷的机种以其所用的工质对来区分。见于研究报道的工质对有许多种，当前普遍应用的工质对有两种：溴化锂 - 水（制冷剂是水），氨 - 水（制冷剂是氨）。溴化锂吸收式制冷机用于制取 7 ～ 10℃的冷水；氨水吸收式制冷机能够制冷的温度达 -20℃甚至更低。

3. 蒸气喷射式制冷

蒸气喷射式制冷的基本系统如图 2.26 所示，其组成部件包括喷射器、冷凝器、蒸发器、节流阀和泵。喷射器由喷嘴、吸入室、扩压器 3 个部分组成。喷射器的吸入室与蒸发器相连，扩压器出口与冷凝器相连。

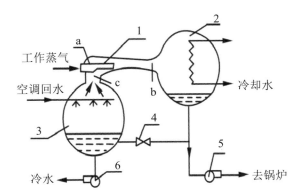

1—喷射器（a—喷嘴 b—扩压器 c—吸入室） 2—冷凝器 3—蒸发器 4—节流阀 5—泵 6—泵

图 2.26 蒸气喷射式制冷的基本系统

蒸气喷射式制冷的工作过程如下：

用锅炉产生高温高压工作蒸气，工作蒸气进入喷嘴，在喷嘴中膨胀并以高速流动（流速可达 1000 m/s 以上），于是，在喷嘴出口处造成很低的压力，使蒸发器中的水在低温下蒸发。由于水汽化时需从未汽化的水中吸收潜热，因而使未汽化的水温度降低。这部分低温水便可用于空气调节或其他生产工艺过程。蒸发器中产生的冷剂水蒸气与工作蒸气在喷嘴出口处混合，一起进入扩压器；在扩压器中流动的蒸气流速逐渐降低，压力逐渐升高，以较高压力进入冷凝器，被外部冷却水冷却变成液态水。从冷凝器流出的液态水分成两路：一路经节流降压后送回蒸发器，继续蒸发制冷；另一路用泵提高压力送回锅炉，重新加热产生工作蒸气。

图 2.26 表示的是一个封闭循环系统。在实际使用的系统中，冷凝后的水往往不再进入锅炉和蒸发器，而将它排入冷却水池，作为循环冷却水的补充水使用。蒸发器和锅炉则另设水源供给补充水。

蒸气喷射式制冷机除采用水作为工作介质外，还可以用其他制冷剂作为工作介质。比如，用低沸点的氟利昂制冷剂，可以获得更低的制冷温度。另外，将蒸气喷射式制冷系统中的喷射器与压缩机组合使用，用喷射器作为压缩机入口前的增压器，这样可以用单级压缩式制冷机获得更低的制冷温度。

蒸气喷射式制冷机具有如下特点：补偿能的形式是热能，可以不用电能；结构简单；加工方便；没有运动部件；使用寿命长，因而具有一定的使用价值，例如用于制取空调所需的冷水。但这种制冷机所需的工作蒸气压力高，喷射器的不可逆损失大，效率较低。因此，在空调冷水机组中采用溴化锂吸收式制冷机比用蒸气喷射式制冷机优势更明显。

2.11　数据中心制冷系统常用压缩机简介

制冷压缩机是制冷装置中最主要的设备，通常称为制冷装置中的主机，其主要功能如下：

（1）蒸发器内吸取制冷剂蒸气，以保证蒸发器内一定的蒸发压力。

（2）提高压力将低温低压的制冷剂蒸气提高为高温高压的过热蒸气，以创造在较高温度（如夏季 35℃ 左右的气温）下冷凝。

（3）输送并推动制冷剂在系统内流动，完成制冷循环。

制冷压缩机的种类和形式很多，根据其工作原理，可分为容积型和速度型两大类，如图 2.27 所示。

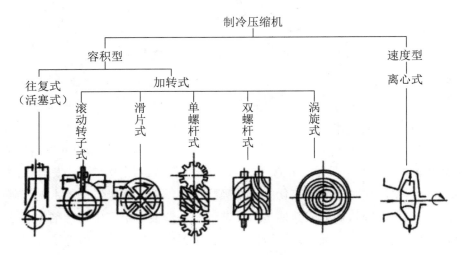

图 2.27　制冷压缩机的分类

■　容积型。

容积型压缩机是靠工作腔容积的改变实现吸气、压缩、排气等过程。

容积型压缩机根据其工作部件的运动形式，又分为往复式和回转式，前者活塞在气缸内做往复运动，而后者是工作部件在气缸内做回转运动，螺杆式、滑片式等压缩机均为回转式。目前制冷工业使用最广泛的为往复式压缩机，且机型有几十种之多。

■　速度型。

速度型压缩机是靠高速旋转的工作叶轮对蒸气做功，使压力升高并完成输送蒸气的任务。这类压缩机根据蒸气的流动方向分为离心式和轴流式两种，其中应用较广的是离心式。

常用压缩机与使用功率范围，如表 2.8 所示。

表 2.8　常用压缩机与使用功率范围

压缩机形式	用途					
	家用冷藏箱、冻结箱/W	房间空调器/W	汽车空调设备	住宅用空调器和热泵/kW	商用制冷和空调设备/kW	大型空调设备/kW
往复式（活塞式）	100				200	
滚动转子式	100			10		
涡旋式		5k			70	
螺杆式					150	1400
离心式						350 及以上

　　数据中心制冷系统常用的压缩机通常为往复式活塞压缩机、涡旋式压缩机、螺杆式压缩机及离心式压缩机。

2.11.1　往复式活塞压缩机

1. 往复式活塞压缩机的机械结构

　　往复式活塞压缩机的机械结构类似于汽车的发动机系统，由于其运作原理基于消耗电能（电动机旋转）带动连杆和活塞往复运动，所以一般称为往复式活塞压缩机。

　　往复式活塞压缩机的作用方式，如图 2.28 所示；压缩机中气体流动方式，如图 2.29 所示。

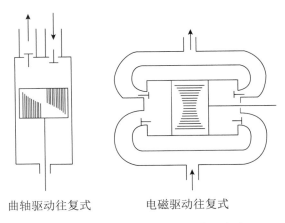

曲轴驱动往复式　　　　　电磁驱动往复式

图 2.28　往复式活塞压缩机的作用方式

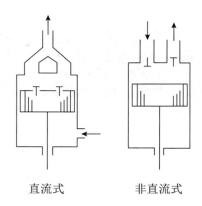

直流式　　　　　　　非直流式

图 2.29　压缩机中气体流动方式

　　压缩机曲轴的功率输入端伸出曲轴箱外，通过联轴器或皮带轮和电动机连接，因此在曲轴伸出端必须安装轴封，以免制冷剂向外泄漏。这种形式的压缩机为开启式压缩机。

　　由于开启式压缩机轴封的密封面磨损后会造成泄漏口，增加了操作维护的困难，人们在实践的基础上，将压缩机的机体和电动机的外壳连成一体，构成密封机壳。这种形式的压缩机称为半封闭式压缩机。这种机器的主要特点是不需要轴封，密封性好，对氟利昂压缩机很适宜。目前使用的往复式活塞压缩机一般是半封闭式压缩机。往复式活塞压缩机如图 2.30 所示。

图 2.30　往复式活塞压缩机

2. 往复式活塞压缩机的特性

往复式活塞压缩机的特性如下：

　　（1）由于运行的连杆和活塞是重复性往复运动，存在节奏性噪声，所以往往会搭配使用消声器以降低噪声。

　　（2）往复式活塞压缩机的功率可以很大。在大功率的场合一般使用往复式活塞压缩机。

　　（3）往复式活塞压缩机是半封闭结构，可以拆卸维护。使用寿命较长。

　　（4）往复式活塞压缩机在工作时不能压缩液体，抗液击能力差。如果其吸气口有液体存在，可能会打断其内部的曲轴。在使用中应格外注意。

　　（5）往复式活塞压缩机的体积一般较大，但是可以在非常恶劣的环境中使用。

2.11.2 涡旋式压缩机

1. 涡旋式压缩机的机械结构

涡旋式压缩机的机械结构如图 2.31 所示，其工作原理如图 2.32 所示。

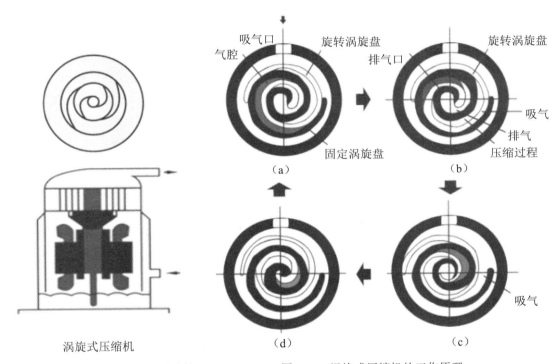

图 2.31　涡旋式压缩机的机械结构　　　　图 2.32　涡旋式压缩机的工作原理

　　压缩腔由一个固定涡旋盘和一个旋转涡旋盘组成。旋转涡旋盘由一个偏心轴带动，与固定涡旋盘相互配合，形成几对弯月形工作容积，这就是气缸的可变容积。偏心轴带动旋转涡旋盘做回转的平面运动，使弯月形工作容积从外部逐渐向中心移动，容积逐渐变小。图 2.31（a）表示吸气终了状态，此时最外面的两个弯月形工作容积被封闭。随着偏心轴的继续转动，压缩过程开始，如图 2.31（b）所示，两个弯月形工作容积逐渐向中心移动，容积逐渐减小，充满在工作容积内的气体受到压缩，压力逐渐升高。在图 2.31（c）中，两个弯月形工作容积已经移到中心，并与中心处的排气孔口接通，工作容积内的气体开始排出。在图 2.31（d）中，最外边的两个弯月形容积与吸气腔接通，又开始吸气和压缩过程。如此循环往复，周而复始，压缩不断进行。

2. 涡旋式压缩机的特性

涡旋式压缩机的特性如下：

（1）相对于往复式活塞压缩机来说，功率要小一些。

（2）相对于往复式活塞压缩机来说，噪声等级低很多，无须配备消声器。

（3）是全封闭结构，一般不可以拆卸维护。

（4）是柔性涡旋盘结构，抗液击能力较强。但是，在使用中仍然要尽量避免液击。

（5）较往复式活塞压缩机的体积小。

2.11.3　数码涡旋式压缩机

数码涡旋式压缩机的历史相对较短，但是它在空调器中的使用却在与日俱增。数码涡旋式压缩机与现在广泛使用的往复式压缩机、旋转式压缩机相比较，有以下特点：

（1）技术含量高，具有很好的稳定性和节能性。由于涡旋式压缩机在设计上采取了独特的工作原理，气体压缩引起的力矩波动较小，所以与往复式和旋转式压缩机相比，它的振动可维持在一个较低的水平。因此，涡旋式压缩机具有很好的稳定性和节能性，噪声相对比较低。

（2）把复杂技术简单化，属于技术含量较高的产品。同时，涡旋式压缩机通过本身的变容量技术就解决了节能问题，不再需要复杂的电子控制，从而减少了线路和电子元器件。

（3）数码涡旋式压缩机在超低温条件下能够很好地运转，并拥有更高的能效比。数码涡旋压缩机从"负载状态"到"卸载状态"的变换损耗只有10%，低于变频压缩机的综合能源损耗，并且数码涡旋技术能让压缩机在10%～100%容量范围内，实现整个范围内的无级调节运行，具有优秀的季节能耗比。

2.11.4　螺杆式压缩机

螺杆式压缩机是指用带有螺旋槽的一个或两个转子（螺杆）在气缸内旋转使气体压缩的制冷压缩机。螺杆式压缩机属于工作容积做回转运动的容积型压缩机。按照螺杆转子数量的不同，螺杆式压缩机有双螺杆与单螺杆两种。

1. 工作原理及工作过程

螺杆式压缩机主要由转子、机壳（包括中部的气缸体和两端的吸、排气端座等）、轴承、轴封、平衡活塞及输气量调节装置组成。图 2.33 是螺杆式压缩机的一对转子、气缸和两端端座的外形图。

图 2.33　螺杆式压缩机

螺杆式压缩机工作时是利用一对相互啮合的阴、阳转子在机体内做回转运动，周期性地改变转子每对齿槽间的容积来完成对气体的压缩，其工作过程可分为吸气、压缩、排气等过程。

图 2.34 为螺杆式压缩机的工作过程示意图。

吸气过程　　　　　　　压缩过程　　　　　　　排气过程

图 2.34　螺杆式压缩机的工作过程示意图

吸气过程：当转子转动时，齿槽容积随转子旋转而逐渐扩大，并和吸入口相连通，由蒸发系统来的气体通过孔口进入齿槽空间开始气体的吸入过程；在转子旋转到一定角度以后，齿槽空间越过吸入孔口位置与吸入孔口断开，吸入过程结束。

压缩过程：当转子继续转动时，被机体、吸气端座和排气端座所封闭的齿槽空间内的气体，由于阴、阳转子的相互啮合和齿的相互填塞而被压向排气端，同时压力逐步升高进行压缩过程。

排气过程：当转子转动到使齿槽空间与排气端座上的排气孔口相通时，气体被压出并从排气法兰口排出，完成排气过程。

由于每一齿槽空间里的工作循环都要出现以上 3 个过程，在压缩机高速运转时，几对齿槽空间重复进行吸气、压缩和排气循环，从而使压缩机的输气连续、平稳。

2. 特点

就压缩气体的原理而言，螺杆式压缩机与往复式活塞压缩机一样，同属于容积式压缩机械；就其运动形式而言，螺杆式压缩机的转子与离心式压缩机的转子一样，做高速旋转运动。螺杆式压缩机兼有二者的特点。

1）优点

螺杆式压缩机的优点具体如下：

（1）转速较高、质量轻、体积小、占地面积小。

（2）因动力平衡性能好，故基础可以很小。

（3）结构简单紧凑，易损件少，维修简单，使用可靠，有利于实现操作自动化。

（4）对液击不敏感，单级压力比较高。

（5）输气量几乎不受排气压力的影响。在较宽的工况范围内，仍可保持较高的效率。

2）缺点

螺杆式压缩机的缺点具体如下：

（1）噪声大。

（2）需要有专用设备和刀具来加工转子。

（3）辅助设备庞大。

2.11.5　离心式压缩机

离心式压缩机的构造和工作原理与离心式鼓风机极为相似。它的工作原理与往复式压缩机有根本的区别，它不是利用气缸容积减小的方式来提高气体的压力，而是依靠动能的变化来提高气体压力。离心式压缩机具有带叶片的工作轮，当工作轮转动时，叶片就带动气体运动或者使气体得到动能，然后使部分动能转化为压力能从而提高气体的压力。这种压缩机由于工作时不断地将制冷剂蒸气吸入，又不断地将制冷剂蒸气沿半径方向甩出去，所以称为离心式压缩机。根据压缩机中安装的工作轮数量的多少，可分为单级式和多级式。如果只有一个工作轮，就称为单级离心式压缩机；如果是由几个工作轮串联组成，就称为多级离心式压缩机。离心式压缩机外形，如图 2.35 所示。

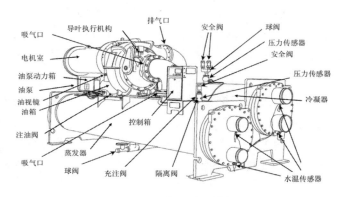

图 2.35　离心式压缩机

离心式压缩机作为速度型压缩机，具有以下优点：

（1）在相同冷量的情况下，特别是在大容量时，与螺杆式压缩机组相比，省去了庞大的油分装置，机组的重量及尺寸较小，占地面积小。

（2）结构简单紧凑，运动件少，工作可靠，经久耐用，运行费用低。

（3）容易实现多级压缩和多种蒸发温度，容易实现中间冷却，使得功耗较低。

（4）离心机组中混入的润滑油极少，对换热器的传热效果影响较小，机组具有较高的效率。

离心式压缩机具有以下缺点：

（1）转子转速较高，为了保证叶轮具有一定的宽度，必须用于大、中流量场合，不适合用于小流量场合。

（2）单级压比低，为了得到较高压比必须采用多级叶轮，一般还要用增速齿轮。

（3）喘振是离心式压缩机的固有缺点，机组必须添加防喘振系统。

（4）同一台机组工况不能有大的变动，适用的范围较窄。

2.12 冷凝器

冷凝器是将制冷压缩机排出的高温高压制冷剂蒸气的热量传递给冷却介质（空气或水）并使之凝结成液体的热交换设备。

2.12.1 冷凝器的传热原理

冷凝器的工作过程是：来自压缩机的过热制冷剂蒸气进入冷凝器后，先被冷却成饱和蒸气，继而被冷凝成饱和液体。当冷却介质流量大、温度低时，饱和液体还可进一步被冷却成过冷液体。

由传热学知识可知，在热交换设备中，传热量 Q（kcal/h）的大小与热交换面积 F（m²）、对数平均温差 Δt（℃）、传热系数 K 等因素有关，即

$$Q=KF\Delta t$$

$$K=\frac{1}{1/\alpha_1+\sum\delta/\lambda+1/\alpha_2}=\frac{1}{R}$$

$$\Delta t=\frac{\Delta t_{max}-\Delta t_{min}}{\ln\ (\Delta t_{max}/\Delta t_{min})}$$

式中：R——传热热阻，m²·h·℃/kcal）；

α_1——换热壁内表面对流放热系数，kcal/（m²·h·℃）；

α_2——换热壁外表面对流放热系数，kcal/（m²·h·℃）；

δ——组成热交换壁面的各层厚度（包括油垢、水垢等），m；

λ——各层壁面材料的导热系数，kcal/（m²·h·℃）；

Δt_{max}——最大温差（两流体在进口或出口处较大的温差），℃；

Δt_{min}——最小温差（两流体在进口或出口处较小的温差），℃。

由此可见，在既定的热交换设备中，其热交换面积是一定的，因而要提高传热量 Q，除了提高对数平均温差 Δt 外，还可以提高传热系数 K。冷凝器传热系数 K 的大小取决于冷凝器的结构、管壁内外两侧（制冷剂侧及冷却介质侧）放热系数 α 以及传热表面污脏的程度。

影响冷凝器的传热系数的因素如下。

1. 制冷剂侧蒸气冷凝放热系数

制冷剂侧蒸气冷凝放热系数的影响因素具体包括：

（1）制冷剂凝结的形式。当制冷剂蒸气在冷凝器中与低于其饱和温度的壁面相接触时，它就在壁面上凝结为液体；其凝结形式可分为"膜状凝结"和"珠状凝结"两种情况。一般来说，在相同温差下，珠状凝结比膜状凝结的放热量要高 15 ～ 20 倍。制冷

剂蒸气在冷凝器中的凝结一般为膜状凝结。当制冷剂蒸气在直立管壁上做膜状凝结时，在冷却表面的最上端，蒸气直接与壁面接触而冷凝，凝结的液体就沿着冷却表面向下流动，液膜层越向下越厚。这时，液膜便把冷却表面与制冷剂蒸气隔开，蒸气凝结时所放出的潜热必须通过液膜层传递到壁面。显然，冷却表面越高，温差越大，平均放热系数将越小。

（2）制冷剂的流速和流向。当冷凝液膜的流动方向与气流方向一致时，冷凝液膜能较迅速地流过传热表面。因此，液膜就薄，使放热系数增大。当制冷剂蒸气的流动方向与冷凝液膜的流动方向相反，而且蒸气流速较慢时，液膜层就厚，放热系数就降低。蒸气流速增加到一定程度，会把液膜托起使液膜脱离壁面，在这种情况下，放热系数就升高。

（3）传热表面的粗糙度。如果传热表面粗糙不平，则凝结液膜的流动阻力增加，冷凝的液体就不能很快向下流，从而使液膜层加厚，放热系数相应降低。

（4）冷凝器的构造形式。制冷剂在卧式单根管的外表面冷凝时的放热系数一般大于直立管的放热系数，这是因为具有一定长度的直立管的下部冷凝液膜层的厚度较大。但是，由多根横管排列成管簇时，其平均放热系数就减小，也有可能低于直立管的放热系数。

2. 冷却水（或空气）侧的放热系数

作为冷却介质的水或空气的流速，对其所在侧的放热系数有很大的影响。随着冷却介质流速的增快，其放热系数也就增加。但是，冷却介质流速的增快会使冷凝器内的流动阻力随之增加，从而使消耗的机械功增加了。冷凝器内冷却介质的最佳流速：冷却水为 0.8～1.2m/s，空气为 2～4m/s。

3. 传热表面污脏程度

在冷凝器传热表面上，被润滑油污染程度即使是极其轻微的，也会使冷凝器的传热系数大大降低。例如，厚度为 0.1mm 的油垢，其所产生的热阻相当于厚度为 33mm 钢板的热阻。在冷凝器传热表面上积有水垢及气冷式冷凝器传热表面上积有灰尘时，都会使冷凝器的传热情况恶化。

4. 制冷剂蒸气中存在空气或其他不凝性气体的影响

在制冷系统的安装和运行过程中，由于系统的不严密，常有空气渗入；此外，制冷剂也会分解出一些气体。这些气体在制冷系统中不能被凝结成液体，因而称为不凝性气体，其中主要是空气。不凝性气体无论是从制冷系统中哪一部分进入，以后都会聚集在冷凝器和高压储液桶中。在冷凝器中的不凝性气体会造成冷凝器的总压力增大，降低冷凝器的传热效率，并使压缩机消耗的功增加，排气压力和温度也升高。由此可见，制冷系统中存有空气时，必须采取措施，既要防止空气渗入制冷系统内，又要及时地将系统中的不凝气体（主要是空气）利用专门的设备排出。

2.12.2　冷凝器的种类及特点

冷凝器按其冷却介质不同，可分为空气冷却式、水冷式、蒸发式、淋水式4大类。

1. 空气冷却式冷凝器

空气冷却式冷凝器以空气作为冷却介质，靠空气的温升带走冷凝热量的。这种冷凝器适用于极度缺水或无法供水的场合，常见于小型氟利昂制冷机组。

根据空气流动方式不同，可分为自然对流式和强迫对流式两种。自然对流式又有线管式和百叶窗式两种结构形式，如图2.36所示。从结构和性能来看，线管式散热效果好，加工方便，成本低。因此，电冰箱常采用线管式冷凝器。

强迫对流的风冷式冷凝器都是采用铜管穿整体铝片的结构，如图2.36所示。铝片厚 $0.2 \sim 0.3$mm，片距为 $2 \sim 4$mm。风冷式冷凝器在沿空气流动方向上，常为 $2 \sim 8$ 排蛇形盘管并联，迎面风速为 $2 \sim 3$m/s，氟利昂蒸气由上集管进入每一排蛇形盘管中，冷凝液汇集于下集管，然后进入储液器。

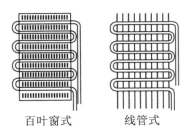

百叶窗式　　　　线管式

图2.36　空气冷却式冷凝器

强迫对流式冷凝器，如图2.37所示。

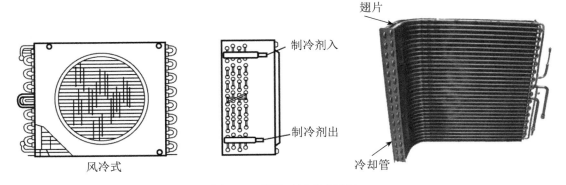

风冷式

制冷剂入
制冷剂出

翅片
冷却管

图2.37　强迫对流式冷凝器

风冷式冷凝器的主要特点是，不需冷却水且使用管理方便，但传热系数小，一般为 $23 \sim 29$W/（m² · h · ℃），设计计算时取较大的平均温差 $\Delta t = 10 \sim 15$℃，否则需要较大的传热面积，经济上不划算。

2. 水冷式冷凝器

水冷式冷凝器以水作为冷却介质，靠水的温升带走冷凝热量。冷却水一般循环使用，但系统中需设有冷却塔或凉水池。水冷式冷凝器按其结构形式又可分为壳管式冷凝器和套管式冷凝器两种，常见的是壳管式冷凝器。

1）立式壳管式冷凝器

立式壳管式冷凝器又称立式冷凝器，它是早期氨制冷系统广泛采用的一种水冷式冷凝器。

立式壳管式冷凝器的结构如图 2.38 所示，主要由外壳（筒体）、管板及管束等组成。筒体由厚 8 ～ 16mm 的钢板卷成圆柱形后焊接而成，筒体两端各焊有一块多孔的管板，两管板之间焊接或胀接 φ38mm ～ φ70mm 的无缝钢管数十根。冷却水从顶部进入管束，沿管内壁往下流。制冷剂蒸气从筒体高度 2/3 处的进气口进入管束间空隙中，管内的冷却水与管外的高温制冷剂蒸气通过管壁进行热交换，从而使制冷剂蒸气被冷凝成液体并逐渐下流到冷凝器底部，经出液管流入储液器。吸热后的水则排入下部的混凝土水池中，再用水泵送入冷却水塔中经过冷却后循环使用。

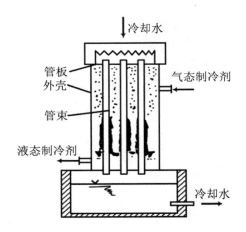

图 2.38　立式壳管式冷凝器的结构

为了使冷却水能够均匀地分配给各个管口，冷凝器顶部的配水箱内设有均水板并在管束上部每个管口装有一个带斜槽的导流器，以使冷却水沿管内壁以膜状水层向下流动，这样既可以提高传热效果又节约水量，如图 2.39 所示。

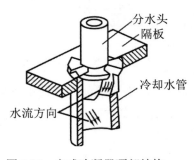

图 2.39　立式冷凝器顶部结构

此外，立式壳管式冷凝器的外壳上还设有均压管、压力表、安全阀和放空气管等管接头，以便与相应的管路和设备连接。

立式壳管式冷凝器的主要特点是：

（1）由于冷却流量大、流速快，故传热系数较高，一般 $K=700\sim814\mathrm{W/m^2 \cdot h \cdot ℃}$。

（2）垂直安装占地面积小，并且可以安装在室外。

（3）因冷却水直通流动且流速大，故对水质要求不高，一般水源都可以作为冷却水。

（4）管内水垢不易清除，人工清洗很麻烦，清洗剂用量较大。

（5）冷却水温升一般只有 $2\sim4℃$，对数平均温差一般为 $5\sim6℃$，故耗水量较大。并且由于设备置于空气中，管子易被腐蚀，泄漏时比较容易被发现。

2）卧式壳管式冷凝器

卧式壳管式冷凝器的结构如图 2.40 所示。它与立式冷凝器有相类似的壳体结构，但在总体上又有很多不同之处，主要区别在于壳体的水平安放和水的多路流动。卧式壳管式冷凝器两端管板外面各用一个端盖封闭，端盖上铸有经过设计互相配合的分水筋，把整个管束分隔成几个管组，从而使冷却水从一端端盖下部进入，按顺序流过每个管组，最后从同一端端盖上部流出的过程中，往返 $4\sim10$ 回程。这样做既可以提高管内冷却水的流速，从而提高传热系数，又可使高温的制冷剂蒸气从壳体上部的进气管进入管束间与管内冷却水进行充分的热交换。冷凝下来的液体从下部出液管流入储液筒。

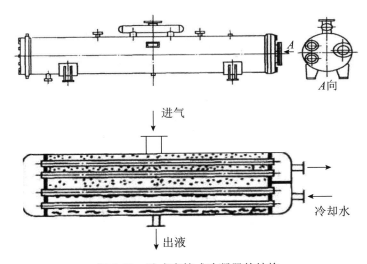

图 2.40　卧式壳管式冷凝器的结构

在冷凝器的另一端端盖上还常设有排空气阀和放水旋塞。排气阀在上部，在冷凝器投入运行开始时打开，以排出冷却水管中的空气，使冷却水畅通地流动，切记不要与放水旋塞混淆，以免造成事故。放水旋塞的作用是在冷凝器停用时放尽冷却水管内的存水，以避免冬季因水冻结而冻裂冷凝器。

卧式壳管式冷凝器的壳体上同样留有若干与系统中其他设备连接的进气、出液、均压管、放空气管、安全阀、压力表接头及放油管等管接头。

卧式壳管式冷凝器不仅广泛地用于氨制冷系统，还可以用于氟利昂制冷系统，但其结构略有不同。氨卧式壳管式冷凝器的冷却管采用光滑无缝钢管或横纹管，而氟利昂卧式壳管式冷凝器的冷却管一般采用低肋铜管，这是因为氟利昂放热系数较低。值得注意的是，有的氟利昂制冷机组不设储液筒，只在冷凝器底部设几排管子，作为储液筒。

卧式和立式壳管式冷凝器，二者除安放位置和水的分配不同外，水的温升和用水量也不一样。因立式冷凝器的冷却水靠重力沿管内壁下流，只能是单行程，故要得到足够大的传热系数 K，就必须使用大量的水。因卧式壳管式冷凝器用泵将冷却水压送到冷却管内，故可制成多行程式冷凝器，并且冷却水可以得到足够大的流速和温升（$\Delta t = 4 \sim 6℃$）。卧式壳管式冷凝器用少量的冷却水就可以得到足够大的 K 值。但过分地加大流速，传热系数 K 值增大不多，而冷却水泵的功耗却显著增加，所以氨卧式冷凝器的冷却水流速一般取 1m/s 左右为宜，氟利昂卧式冷凝器的冷却水流速大多采用 $1.5 \sim 2$m/s。

综上所述，卧式壳管式冷凝器的传热系数高，冷却水用量小，结构紧凑、操作管理方便；但要求冷却水的水质好，并且清洗水垢不方便，一般采用清洗剂清洗；泄漏时也不易发现。目前在国内制冷系统用得较多。

3）套管式冷凝器

套管式冷凝器由两种不同直径的无缝钢管或两种不同直径的铜管套装在一起组成，外套管口径一般为 $\varphi 57$mm$\times 3$mm，内管口径为 $\varphi 38$mm$\times 3.5$mm，其结构如图 2.41 所示。氟利昂套管式冷凝器，如图 2.42 所示。

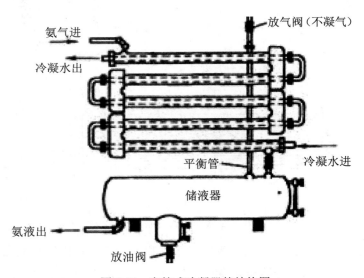

图 2.41　套管式冷凝器的结构图

制冷剂蒸气从上方进入内、外管之间的空腔，在内管外表面上冷凝，液体在外管底部依次下流，从下端流入储液器中。冷却水从冷凝器的下方进入，依次经过各排内管从上部流出，与制冷剂呈逆流方式。这种冷凝器的优点是结构简单，便于制造，并且因系单管冷凝，介质流动方向相反，故传热效果好，当水流速为 $1 \sim 2$m/s 时传热系数可达

930W/（m²•h•℃）。其缺点是金属消耗量大，而且当纵向管数较多时，下部的管子充有较多的液体，使传热面积不能充分利用；另外紧凑性差，清洗困难，并需大量连接弯头。因此，这种冷凝器在氨制冷装置中已很少应用。

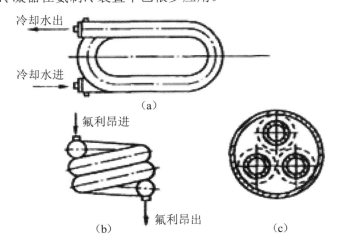

冷却水出
冷却水进
（a）
氟利昂进
（b）
氟利昂出
（c）

图 2.42 氟利昂套管式冷凝器

小型氟利昂空调机组仍广泛使用套管式冷凝器，为了缩小机组体积将套管弯成盘管形状，如图 2.43 所示。通常，把封闭型压缩机放在冷凝器中间，使整个机组布置紧凑。这类套管式冷凝器内部常套有 3 ～ 4 根内管。内管外侧带有纵向肋片，氟利昂在内管内冷凝，而水在内管外的环形空间中流动，有时也用塑料管或橡皮管代替外管。这类套管式冷凝器的传热系数可达 1050 ～ 1160W/（m²•h•℃），主要用在制冷量为 20kW 左右的小型氟利昂机组中。

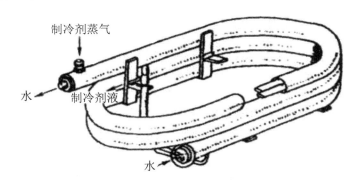

制冷剂蒸气
水
制冷剂液
水

图 2.43 套管式冷凝器

3. 蒸发式冷凝器

蒸发式冷凝器由冷却管组、给水设备、通风机、挡水板和箱体等部分组成。冷却管组为无缝钢管弯制成的蛇形盘管组，装在薄钢板制成的长方形箱体内。箱体的两侧或顶部设有通风机，箱体底部兼做冷却水循环水池（接水盘）。蒸发式冷凝器原理图如图 2.44 所示。

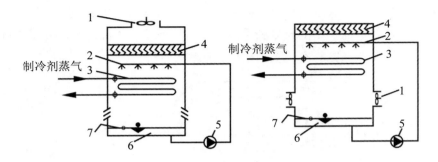

图 2.44　蒸发式冷凝器原理图

1—通风机　2—喷头　3—盘管　4—填料　5—水泵　6—接水盘　7—浮球阀

蒸发式冷凝器工作时，制冷剂蒸气从上部进入蛇形管组，在管内凝结放热并从下部出液管流入储液器。而冷却水由循环水泵送到喷水器，从蛇形盘管组的正上方向盘管组的表面喷淋，通过管壁吸收管内冷凝热量而蒸发。设在箱体侧面或顶部的通风机强迫空气自下而上掠过盘管，促进水的蒸发并带走蒸发的水分。通风机安装在箱体顶部，蛇形管组位于通风机的吸气侧时称为吸入式蒸发冷凝器；通风机安装在箱体两侧，蛇形管组位于通风机的出气侧时称为压送式蒸发冷凝器。因吸入式空气能均匀地通过蛇形管组，故传热效果好，但通风机在高温、高湿条件下运行，易发生故障；虽然压送式空气通过蛇形管组不太均匀，但通风机电动机工作条件好。

蒸发式冷凝器的特点如下：

（1）与直流供水的水冷式冷凝器相比，可节省水 95% 左右；但与水冷式冷凝器和冷却塔组合使用时相比，用水量差不多。

（2）与水冷式冷凝器和冷却塔组合系统相比，二者的冷凝温度差不多，但蒸发式冷凝器的结构紧凑。

（3）与风冷式或直流供水的水冷式冷凝器相比，其尺寸比较大。

（4）与风冷式冷凝器相比，其冷凝温度低，尤其是干燥地区更明显，全年运行时，冬季可按风冷式工作；与直流供水的水冷式冷凝器相比，其冷凝温度高些。

（5）冷凝盘管易腐蚀，管外易结垢，并且维修困难。

综上所述，蒸发式冷凝器的主要优点是耗水量小，但循环水温高，冷凝压力大，清洗水垢困难，对水质要求严。它特别适用于干燥缺水地区，宜在露天空气流通的场所安装，或安装在屋顶上，不得安装在室内。单位面积热负荷一般为 $1.2 \sim 1.86 \mathrm{kW/m}^2$。

4. 淋水式冷凝器

淋水式冷凝器靠水的温升和水在空气中蒸发带走冷凝热量，其结构如图 2.45 所示。

淋水式冷凝器主要由换热盘管、淋水箱等组成。制冷剂蒸气从换热盘管下部进气口进入；冷却水从淋水箱的缝隙流到换热盘管的顶端，成膜状向下流，水吸收冷凝热，在空气的自然对流情况下，由于水的蒸发，带走部分冷凝热热量。被加热后的冷却水流入水池中，再经冷却塔冷却后循环使用，或排掉一部分水，而补充一部分新鲜水送入淋水箱。冷凝后的液态制冷剂流入储液器中。

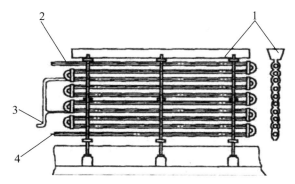

1—淋水盘　2—制冷剂出口　3—淋水管　4—制冷剂蒸气入口

图 2.45　淋水式冷凝器的结构

这种冷凝器主要用于大、中型氨制冷系统中。它可以露天安装，也可安装在冷却塔的下方，但应避免阳光直射。

淋水式冷凝器的主要优点是：结构简单，制造方便，漏氨时容易发现，维修方便，清洗方便，对水质要求低。

主要缺点是：传热系数低，金属消耗量高，占地面积大。

2.13　蒸发器

蒸发器也是一种换热设备，与冷凝器所不同的是，蒸发器是吸热设备。在蒸发器中，由于低压液体制冷剂汽化，从需要冷却的物体或空间吸热，从而使被冷却的物体或空间的温度降低，达到制冷的目的。因此，蒸发器是制冷装置中产生和输出冷量的设备。

根据被冷却介质的种类不同，蒸发器可分为两大类：一类用以冷却载冷剂，一类用以冷却空气。

冷却载冷剂的蒸发器，通常采用水、盐水或乙二醇水溶液等作为载冷剂，这类蒸发器常用的是卧式蒸发器。

冷却空气的蒸发器常见的有冷却排管和冷风机。

2.13.1　卧式蒸发器

卧式蒸发器又称为卧式壳管式蒸发器。它与卧式壳管式冷凝器的结构基本相同。按供液方式可分为满液式蒸发器和干式蒸发器两种。

1. 满液式蒸发器

满液式蒸发器原理图如图 2.46 所示，载冷剂以 1 ～ 2m/s 的速度在管内流动，管外的管束间大部分充满制冷剂，二者通过管壁进行充分的热交换。吸热蒸发的制冷剂蒸气，经蒸发器上部的液体分离器，进入压缩机。

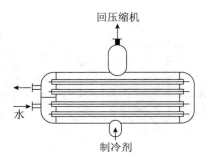

图 2.46　满液式蒸发器

为了保证制冷系统正常运行，这种蒸发器中制冷剂的充液高度应适中。液面过高可能使回气中夹带液体而造成压缩机发生液击；反之，液面过低会使部分蒸发管露出液面而不起换热作用，从而降低蒸发器的传热能力。因此，氨蒸发器的充液高度一般为筒体直径的 70%～80%，氟利昂蒸发器的充液高度一般为筒体直径的 55%～65%。

满液式蒸发器广泛使用于闭式盐水循环系统，其主要特点是：结构紧凑，液体与传热表面接触好，传热系数高。但是，它需要充入大量制冷剂，液柱对蒸发温度将会有一定的影响。并且当盐水浓度降低或盐水泵因故停机时，盐水在管内有被冻结的可能。若制冷剂为氟利昂，则氟利昂内溶解的润滑油很难返回压缩机。此外，清洗时须停止工作。

2. 干式氟利昂蒸发器

这种蒸发器的外形和结构与满液式蒸发器基本一样，如图 2.47 所示。它们之间的主要区别在于：制冷剂在管内流动，而载冷剂在管外流动。节流后的氟利昂液体从一侧端盖的下部进入蒸发器，经过几个流程后从端盖的上部引出，制冷剂在管内随着流动而不断蒸发，所以壁面有一部分为蒸气所占有，因此，它的传热效果不如满液式。但是，它无液柱对蒸发温度的影响，并且由于氟利昂流速较高（≥4m/s），因此回油较好。此外，由于管外充入的是大量的载冷剂，所以减缓了冻结的危险。

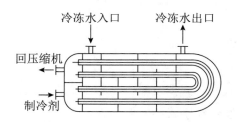

图 2.47　干式氟利昂蒸发器

这种蒸发器内制冷剂的充注量只有满液式的 1/3～1/2 或更少，故称为"干式蒸发器"。为了提高载冷剂的流速并使其横向冲刷管束，在壳体内装有多块折流板，以提高传热效果。干式氟利昂蒸发器常用于冷却淡水，水的流速一般为 0.5 ～ 1.5m/s，使用铜管时一般为 1.0m/s。

2.13.2 冷却排管

冷却排管是用来冷却空气的一种蒸发器，长期以来广泛地应用于低温冷藏库中。制冷剂在冷却排管内流动并蒸发，与在管外作为传热介质的被冷却空气做自然对流。

冷却排管的形式繁多，按管组在库房中的安装位置可分为 3 种：墙排管、顶排管和搁架式排管。若按结构分也可分为立管式、蛇管式等。

冷却排管的最大优点是结构简单，便于制作，对库房内存储的非包装食品造成的干耗较少。但排管的传热系数较低，并且在融霜时操作困难，不利于实现自动化。对于氨直接冷却系统，冷却排管用无缝钢管焊制，为光管或绕制翅片管；对于氟利昂系统，大都采用绕片或套片式铜管翅片管组。冷却排管的结构形式如图 2.48 所示。

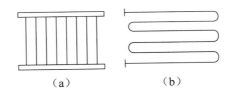

（a）　　　　　　　　　　（b）

图 2.48　冷却排管的结构形式

1．立管式墙排管

立管式墙排管通常用于冻结物的冷藏间，靠墙布置，故称为墙排管。立管式墙排管只适用于重力供液的氨制冷系统。

立管式墙排管由上、下各 1 根口径为 76mm×3.5mm 或 89mm×3.5mm 的水平集管与数十根口径为 38mm×2.2mm 或 57mm×3.5mm、高度为 2.5 ～ 3.5m 的立管焊接而成。相邻两立管之间的中心距为 100 ～ 130mm，立管的高度和根数可根据所需的传热面积及库内净高而定。

立管式墙排管工作时，氨液由下集管进入，产生的蒸气由上集管排出，因而蒸气能很容易地排出，传热效果较好，除霜也方便。它的缺点是：焊接接头多，制作工作量大，排管充液量大，通常为排管容积的 60% ～ 80%。并且当排管的高度较高时，由于静液柱的影响，使排管下部管段内的氨液饱和蒸发温度显著增高，从而使传热温差降低，传热量减少，这一问题在系统的蒸发温度较低时更突出，故在较低蒸发温度（低于 -33℃）时不宜采用。

2. 蛇管式排管

蛇管式排管多是用口径为 38mm×2.2mm 的无缝钢管弯制而成。可以是单排的，也可以是双排的，每排由一根或两根光管组成。当库房的热负荷较大、所需的传热面积较大时，可用两根单排或双排的盘管式排管，因为这种排管的结构比较紧凑，与单根单排相比，可以获得更大的传热面积。但不管是单推还是双排，每一供液回路的总长度不应超过一定值，否则后段盘管会被蒸气充满，导致传热效果很差。此外，在垂直方向上盘管的管数应为偶数，使制冷剂在同一侧进入和引出，便于安装连接。

蛇管式排管的适用范围较广。蛇管式顶管重力供液或氨泵供液均可；单排和双排蛇管式墙排管可用于下进上出式氨泵供液系统及重力供液系统；单根蛇管式排管还可用于氨泵上进下出式供液系统和热力膨胀阀供液系统。氟利昂系统所采用的蛇管式排管通常为单排式，它可以是口径为 25mm×2.25mm 的钢管或口径为 19mm×1.5mm ～ 22mm×1.5mm 的紫铜管及黄铜管。

蛇管式排管的优点是结构简单，易于制作，存液量较小，适用性强。其主要缺点是排管下段产生的蒸气不能及时引出，必须经过排管的全长后才能排出，故传热系数小，气液二相流动阻力大。为此，设计蛇管式排管时应限制单管的总管长，对于重力供液系统，每一供液回路的总长度不宜大于 120m，对于氨泵供液系统则可达 350m。

3. 搁架式排管

搁架式排管由许多组蛇形盘管组合而成。

搁架式排管一般采用口径为 38mm×2.2mm 或 57mm×3.5mm 的无缝钢管制作。目前这种排管也有采用矩形无缝钢管焊制的，冷冻加工时将食品置于冻盘中放在搁架上进行冻结。由于排管与食品近乎直接接触，所以其传热效能较高，适用于冻结鱼类、家禽等食品。整个冻结装置的结构紧凑，空间利用率高，而且可省掉许多辅助设备。其缺点是钢材消耗量大，并且不利于机械化、连续化和自动化操作，故目前仅用于小型的冻结间。

搁架式排管一般不送风，即采取空气自然对流换热。但为了提高传热系数，可在库内设置风机采用强制送风循环，这对老设备的改造也是一个可取的方法。

2.13.3　冷风机（空气冷却器）

冷风机多是由轴流式风机与冷却排管等组成的一台成套设备。它依靠风机强制空气流经箱体内的冷却排管进行热交换，使空气冷却，从而达到降温的目的。

冷风机按冷却空气所采用的方式可分为干式、湿式和干湿混合式 3 种。其中，制冷剂或载冷剂在排管内流动，通过管壁冷却管外空气的称为干式冷风机；以喷淋的载冷剂液体直接和空气进行热交换的，称为湿式冷风机；混合式冷风机除冷却排管外，还有载冷剂的喷淋装置。干式冷风机广泛用于冷库。

常用的干式冷风机按其安装的位置又可分为落地式和吊顶式两种类型。它们都由空气冷却排管、通风机及除霜装置组成，并且冷风机内的冷却排管都是套片式的。大型干式冷风机常为落地式。

冷风机与冷却排管都属于冷却空气的蒸发器，它们最大的不同就是是否使用风机进行强制空气流动。像冷风机这样的蒸发方式又称为机械吹拂式蒸发，如图 2.49 所示，而冷却排管属于自然对流式蒸发。

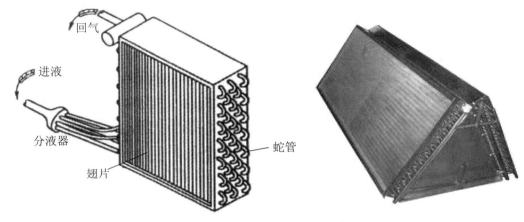

图 2.49　机械式吹拂式蒸发

1. 落地式冷风机

落地式冷风机主要由上、中、下 3 部分组成，它的下部是水盘，用来收集冷风机冲霜用水，并用以支承风机主体，同时又是空气的吸入口；上部为排风的风帽，内装风机，根据风量和风压要求选用轴流式或离心式风机及其相应的台数，轴流式风机的风压一般比离心式风机的低，但风量大得多。在风帽和管簇之间装设淋水管，作为水冲霜之用。中间部分是一个空气冷却排管（蒸发管组），对于套片式冷风机来说，其冷却管簇是在口径为 25mm×2.5mm 的无缝钢管上，套有 0.5 mm 的镀锌钢片或 0.5mm 铝片的套片管。

2. 吊顶式冷风机

吊顶式冷风机装在库房平顶之下，不占用库房面积。根据吊顶式冷风机的送风形式，可分为单面送风和双面送风；根据它的翅片形式，有绕片式和套片式。氟利昂冷风机一般是单面吊顶套片式，冷却管一般用直径为 10～20mm 的紫铜管，其外套有 0.2～0.3mm 的薄铝肋片。为了使冷风机出口的制冷剂有一定的过热度，冷风机中制冷剂的走向与空气的流向一般采用错流。

2.14　节流机构

节流（图 2.50 所示）是压缩式制冷循环不可缺少的 4 个主要过程之一。

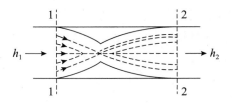

图 2.50　节流

节流机构的作用有两个：一是对从冷凝器中出来的高压液体制冷剂进行节流降压至蒸发压力；二是根据系统负荷变化，调整进入蒸发器的制冷剂液体的数量。

常用的节流机构有手动节流阀、浮球式节流阀、热力膨胀阀、毛细管（阻流式膨胀阀）等。它们的基本原理都是使高压液态制冷剂受迫流过一个小过流截面，产生合适的局部阻力损失（或沿程损失），使制冷剂压力骤降；与此同时一部分液态制冷剂气化，吸收潜热，使节流后的制冷剂成为低压低温状态。

2.14.1　手动节流阀

手动节流阀和普通的截止阀在结构上的不同之处主要是阀芯的结构与阀杆的螺纹形式。如图 2.51 所示。通常截止阀的阀芯为一平头，阀杆为普通螺纹，所以它只能控制管路的通断和粗略地调节流量，难以调整一个适当的过流截面积以产生恰当的节流作用。节流阀的阀芯为针形锥体或带 V 形缺口的锥体，阀杆为细牙螺纹，所以当转动手轮时，阀芯移动的距离不大，可以较准确、方便地调整过流截面积。

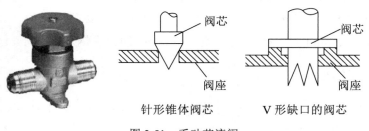

图 2.51　手动节流阀

手动节流阀的开启度的大小是根据蒸发器负荷的变化而调节的，通常开启度为手轮的 1/8 至 1/4 周，不能超过 1 周，否则，开启度过大，会失去膨胀作用。因此，它不能随蒸发器热负荷的变动而灵敏地自动适应调节，几乎全凭经验结合系统中的反应进行手工操作。

目前，手动节流阀只装设于氨制冷装置中，在氟利昂制冷装置中，广泛使用热力膨胀阀进行自动调节。

2.14.2 浮球节流阀

浮球节流阀是一种用于自动调节的节流阀。它的工作原理是利用一个钢制浮球为启闭阀门的动力，靠浮球在浮球室中随液面升降，控制一个小阀门开启度的大小来自动调节供液量，同时起节流作用。当容器内液面降低时，浮球下降，节流孔随之开大，供液量增加；反之，当容器内液面上升时，浮球上升，节流孔随之关小，供液量减少。待液面升至规定高度时，节流孔被关闭，保证容器不会发生超液或缺液的现象。浮球节流阀用于具有自由液面的蒸发器、液体分离器和中间冷却器供液量的自动调节。在氨制冷系统中广泛应用的是一种低压浮球节流阀。低压浮球节流阀按液体在其中流通的方式，有直通式和非直通式两种，如图 2.52 和图 2.53 所示。

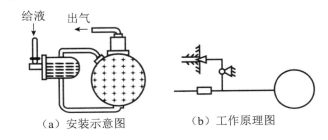

图 2.52 直通式浮球节流阀

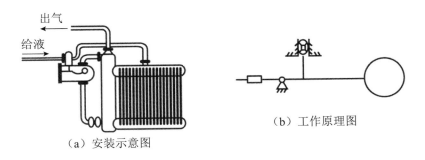

图 2.53 非直通式浮球节流阀

直通式浮球节流阀的特点是，进入容器的全部液体制冷剂首先通过阀孔进入浮球室，然后再进入容器，因此，它的结构和安装比较简单，但浮球室的液面波动大。非直通式浮球节流阀的特点是，阀座装在浮球室外，经节流后的制冷剂不需要通过浮球室而沿管道直接进入容器，因此，浮球室的液面较平稳，但其结构与安装均较复杂。

2.14.3 热力膨胀阀

热力膨胀阀如图 2.54 所示，是氟利昂制冷装置中根据吸入蒸气的过热程度来调节进入蒸发器的液态制冷剂量，同时将液体由冷凝压力节流降压到蒸发压力的。

图 2.54　热力膨胀阀

热力膨胀阀的形式很多，但在结构上大致相同。按膨胀阀感应机构动力室中传力器件的结构不同，可分为薄膜式和波纹管式两种；按使用条件不同，又可分为内平衡式和外平衡式两种。目前常用的小型氟利昂热力膨胀阀多为薄膜式内平衡热力膨胀阀。

1. 内平衡热力膨胀阀

内平衡热力膨胀阀一般由阀体、阀座、阀针、调节杆座、调节杆、弹簧、过滤器、传动杆、感温包、毛细管、气箱盖和感应薄膜等组成。其阀体内部结构如图 2.55 所示。

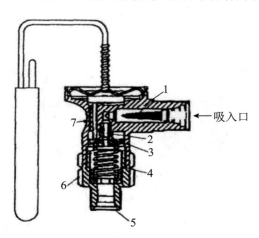

图 2.55　内平衡热力膨胀阀

1—滤网　2—孔口　3—阀座　4—过热弹簧　5—出口　6—调整螺母　7—内平衡管

感温包里灌注氟利昂或其他易挥发的液体，把它紧固在蒸发器出口的回气管上，用以感受回气的温度变化。毛细管用直径很小的铜管制成，其作用是将感温包内由于温度的变化而造成的压力变化传递到动力室的波纹薄膜上。波纹薄膜由很薄的（0.1～0.2mm）合金片冲压而成，断面呈波浪形，能有 2～3mm 的位移变形。波纹薄膜由于动力室中压力的变化而产生的位移通过其下方的传动杆传递到阀针上，使阀针随着传动杆的上下移动而一起移动，以控制阀孔的开启度。调节杆的作用是在系统调试运转中，用以调整弹簧的压紧程度来调整膨胀阀的开启过热度。系统正常工作后，不可随意调节且应拧上调节杆座上的帽罩，以防止制冷剂从填料处泄漏。过滤网安装在膨胀阀的进液端，用以过滤制冷剂中的异物，以防止阀孔堵塞。

其工作原理介绍如下：由图2.56可知，金属波纹薄膜受到三种力的作用：在膜片的上方，在感温包中液体（与其感受到的温度相对应）的饱和压力对膜片产生的向下推力 P；在膜片的下方，受阀座后面与蒸发器相通的低压液体对膜片产生一个向上的推力 P_0（制冷剂的蒸发压力）；以及弹簧的张力 W 的作用；此外，还有活动零件之间的摩擦力等因素构成的作用力，因为其值甚小，在分析时可以忽略不计。由以上分析可知，当三种力处于平衡状态，即满足 $P = P_0+W$ 时，膜片不动，则阀口处于一定的开启度。当其中任何一个力发生变化时，就会破坏原有的平衡，阀口的开启度也就随之发生变化，直到建立新的平衡为止。

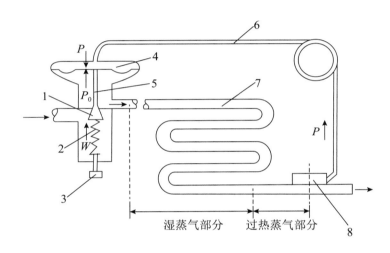

图 2.56　内平衡热力膨胀阀的调节原理
1—针阀　2—过热弹簧　3—调节螺钉　4—膜片　5—传动杆　6—毛细管　7—蒸发器　8—感温包

当外界情况改变，如由于供液不足或热负荷增大，引起蒸发器的回气过热度增大时，则感温包感受到的温度就会升高，饱和压力 P 也就增大，因此形成 $P > P0+W$，其中 W 为弹簧张力。这样就会导致膜片下移，使阀口开启度增大，制冷剂的流量也就增大，直至供液量与蒸发量相等时达到另一平衡。反之，若由于供液过多或热负荷减少，引起蒸发器的回气过热度减小，使感温包感受到的温度也降低时，则饱和压力 P 就会减小，因此形成 $P < P_0+W$，这样就会导致膜片上移，使阀口开启度减小，制冷剂的供液量也就减少，直至与蒸发器的热负荷相匹配为止。

热力膨胀阀的工作原理是利用与回气过热度相关的 P_0 的变化来调节阀口的开启度，从而控制制冷剂的流量，实现自动调节。

另外，从上述关系也可看出，调节不同的弹簧张力 W，便能获得使阀口开启的不同过热度。与调定的弹簧张力 W 相对应的制冷剂的过热度称为静装配过热度（又称关闭过热度）。一般希望蒸发器的过热度维持在 $3 \sim 5℃$ 范围内。

2. 外平衡热力膨胀阀

外平衡热力膨胀阀如图 2.57 所示，它与内平衡热力膨胀阀在结构上略有不同，即感应薄膜下部空间与膨胀阀出口互不相通，而且通过一根小口径的平衡管与蒸发器出口相连。外平衡热力膨胀阀膜片下部的制冷剂压力不是阀门节流后的蒸发压力，而是蒸发器出口处的制冷剂压力。这样可以避免蒸发器阻力损失较大时的影响，把过热度控制在一定的范围内，使蒸发器传热面积得到充分利用。

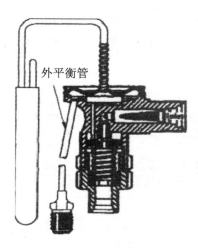

外平衡管

图 2.57   外平衡热力膨胀阀

内、外平衡热力膨胀阀的工作原理完全相同，只是适用的条件不同。如果蒸发器中制冷剂的压力损失较大，使用内平衡热力膨胀阀时，就会造成蒸发器供液量不足，出口处气态制冷剂的过热度增大，也就使蒸发器的传热面积的利用率降低，制冷量相应减小。在实际应用中，蒸发器压力损失较小时，一般使用内平衡热力膨胀阀；在压力损失较大时（当膨胀阀出口至蒸发器出口制冷剂的压力降所对应的蒸发温度降低超过 2～3℃时），应采用外平衡热力膨胀阀。

2.14.4　毛细管

以一定细孔径和长度的铜管作为制冷系统的膨胀阀完成节流膨胀任务，这一功能称为毛细管节流，又称为阻流式控制。一些采用小型全封闭式压缩机制冷系统的冷藏、冷冻、空调设备，采用这种节流方式。

毛细管主要是靠其管径和长度的大小来控制液体制冷剂的流量，以使蒸发器能在适当的状况下工作。在制冷工程中，一般称内径为 0.5～2mm、长度为 1～4m 的紫铜管为毛细管。

毛细管外形如图 2.58 所示。

图 2.58 毛细管

毛细管的结构特点如下：

（1）毛细管是由紫铜管拉制而成的，结构简单，制造方便，价格低廉。

（2）没有运动部件，本身不易产生故障和泄漏。

（3）具有自补偿的特点，即氟利昂在一定的压差 $\Delta P = P_k - P_0$ 下，流经毛细管时，其流量是稳定的。当冷凝压力 P_k 升高或蒸发压力 P_0 降低时，压力差 ΔP 值增大，制冷剂在毛细管内的流速也增大，同时产生闪发蒸气的数量也相应增加。由于气液两种状态并存，阻力大大增大，所以流经毛细管的氟利昂制冷剂不会因 ΔP 增大而按比例增大。反之，当压差 ΔP 减小时，因闪发蒸气产生较少，故流量也不会减小。这就是毛细管的自补偿作用。由于这个作用，当 P_k 或 P_0 变化时，使用毛细管节流膨胀仍可得到较为满意的制冷效果。

（4）当制冷压缩机停止运转后，制冷系统内高压侧排出压力和低压侧吸入压力之间能够得到迅速平衡，为再次启动运转时减少压缩机电动机的负荷创造了条件。

（5）流量小且不能随时随意进行人为调整。

在内径及长度已确定后，毛细管的流量主要受进、出口两侧即高、低压两端压力差大小的影响，与来液过冷度大小、含闪发气体多少以及管弯曲程度、盘绕圈数等也有关。因此，机组系统一定时，不能任意改变工况或更换任意规格的毛细管。据有关实验表明，在同样工况和同样流量条件下，毛细管的长度与其内径的 4.6 次方近似成正比。

当环境温度升高或制冷剂充加量过多时，冷凝器压力变高，毛细管流量增大会使蒸发器压力及蒸发温度随之升高。反之，当环境温度降低或制冷剂充加量不足时，冷凝器压力变低，毛细管流量减小会使蒸发器压力及蒸发温度随之降低，导致制冷量下降，甚至降不到所需的温度。

因此，采用毛细管的制冷设备，必须根据设计要求严格控制制冷剂的充加量。例如，200L 左右的电冰箱加的 R12 量为 150g±5g。一般系统的首次充液量 M 可按下式近似确定：

$$M = 20 + 0.6V$$

式中：M——首次充液量，g；V——蒸发盘管内容积，cm^3。

2.15 制冷系统辅助设备

在一个完整的蒸气压缩式制冷系统中，除压缩机、冷凝器、膨胀阀和蒸发器 4 个主要设备外，为了保证系统正常、经济和安全地运行，还须设置一定数量的其他辅助设备。辅助设备的种类很多，按照它们的作用，基本上可以分为两大类：

（1）维持制冷循环正常工作的设备，如两级压缩的中间冷却器等。

（2）改善运行指标及运行条件的设备，如油分离器、集油器、空气分离器以及各种储液桶（器）等。

此外，在制冷系统中还配有用以调节、控制与保证安全运行所需的器件、仪表和连接管道的附件等。

2.15.1 油分离器

1. 油分离器的作用

在蒸气压缩式制冷系统中，经压缩后的氟利昂蒸气（或氨蒸气）处于高压、高温的过热状态，排出时的流速快、温度高。气缸壁上的部分润滑油，由于受高温的作用难免形成油蒸气及油滴微粒与制冷剂蒸气一同排出，并且排气温度越高、流速越快，排出的润滑油越多。据有关资料介绍，在蒸发表面上附有 0.1mm 油膜时，将使蒸发温度降低 2.5℃，多耗电 11% ～ 12%。必须在压缩机与冷凝器之间设置油分离器，以便将混合在制冷剂蒸气中的润滑油分离出来。

2. 油分离器的工作原理

气流所能带动的液体微粒的尺寸与气流的速度有关。若把气流垂直向上运动产生的升力与微粒的重量相平衡时的气流速度称为平衡速度，并用符号 ω 表示，则当气流速度等于平衡速度时，微粒在气流中保持不动；如果气流速度大于平衡速度时，则将微粒带走；而当气流速度小于平衡速度时，微粒就会跌落下来，从而使油滴微粒从制冷剂气流中分离出来。

油分离器的基本工作原理主要是：利用润滑油和制冷剂蒸气的密度不同；通道截面突然扩大，气流速度骤降（油分离器的筒径比高压排气管的管径大 3 ～ 15 倍，使进入油分离器后的蒸气流速从原先的 10 ～ 25m/s 下降至 0.3 ～ 0.8m/s）；改变流向，使密度较大的润滑油分离出来沉积在油分离器的底部。此外还可利用离心力将油滴甩出去，或用氨液洗涤，或用水进行冷却降低气体温度，使油蒸气凝结成油滴，或设置过滤层等措施来增强油的分离效果。

3. 油分离器的形式和结构

目前常见的油分离器有洗涤式、填料式、离心式和过滤式4种，下面分述它们的结构及工作原理。

1）洗涤式油分离器

洗涤式油分离器适用于氨系统。分离器工作时，主要是利用混合气体在氨液中被洗涤和冷却来分离油，同时还利用降低气流速度与改变气流运动方向，使油滴自然沉降的分离作用。其中洗涤和冷却作用对洗涤式油分离器的分油效率影响最大，因此筒体内必须保持一定高度的氨液。

2）填料式油分离器

在钢板卷焊而成的筒体内装设填料层，填料层上、下用两块多孔钢板固定。填料可以是陶瓷杯、金属切屑或金属丝网，以金属丝网效果最佳。当带油的制冷剂蒸气进入筒体内降低流速后，先通过填料吸附油雾，沿伞形板扩展方向顺筒壁而下，然后改变流向从中心管返回顶腔排出。分离出的油沉积在筒体底部，再经浮球阀或手动阀排回压缩机曲轴箱。

由上述内容可见，这种油分离器的分油工作是依靠降低混合气体流速、填料吸附及改变气流方向来实现的，其中以填料层的吸附作用为主。与洗涤式油分离器相比，填料式油分离器的分油效率较高，可达95%（洗涤式为80%～85%）。但填料式油分离器对气流的阻力较大，要求筒内制冷剂蒸气的流速不大于0.5m/s。此外，填料式油分离器的金属丝网一般采用不锈钢丝网，价格较贵。

3）离心式油分离器

离心式油分离器的油分离效果较好，适用于大型制冷系统。压缩机的排气经油分离器进气管沿切线方向进入筒内，随即沿螺旋导向叶片高速旋转并自上而下流动。借离心力的作用将排气中密度较大的油滴抛在筒壁上分离出来，沿壁流下，沉积在筒底部。蒸气经筒体中心的出气管内多孔板引出。筒侧装有浮球阀，当油面上升到上限位时，润滑油通过浮球阀打开阀芯，自动向压缩机曲轴箱或集油器排油。有的在油分离器外部还设有冷却水套，使混合气体在其中又受到冷却水的冷却并通过降低流速和改变流向的作用，进一步得到分离。

4）过滤式油分离器

过滤式油分离器用于氟利昂制冷系统，常称为氟利昂油分离器。

当压缩机排出的高压制冷剂气体进入分离器后，由于过流截面较大，气体流速突然降低并改变方向，加上进气时几层金属丝网的过滤作用，即将混入气体制冷剂中的润滑油分离出来，并下滴落聚集在容器底部。当聚集的润滑油量达一定高度后，则通过自动回油阀，回到压缩机曲轴箱。在正常运行时，由于浮球阀的断续工作，使得回油管时冷时热，回油时管子热，不回油时管子就冷。如果回油管一直冷或一直热，则说明浮球阀已经失灵，必须进行检修，检修时可使用手动回油阀进行回油。这种油分离器结构简单，制造方便，应用普遍，但分油效果不及填料式。

2.15.2　集油器

集油器是将系统中的油集中起来的容器，也称放油器。对于氟利昂制冷系统，油分离器分离出来的润滑油一般都通过集油器下部的手动或浮球自动放油阀直接送回压缩机，其他设备中的润滑油靠流速带回压缩机。因此，氟利昂制冷系统一般不单独设置集油器。

2.15.3　空气分离器

空气分离器是排除制冷系统中的不凝性气体（主要是空气），同时回收制冷剂的制冷剂净化设备。它通常只在大、中型制冷装置中使用，因为大、中型制冷装置中的不凝性气体的数量较多。在小型制冷装置中通常不设置空气分离器，而直接从冷凝器、高压储液器或排气管上的放空阀把空气等不凝气体放出，以求系统的简化。

制冷系统中的空气等不凝性气体实际上是与制冷剂蒸气混合存在的，空气分离器就是在冷凝压力下将混合气体冷却到接近蒸发温度，使混合气体中的大部分制冷剂蒸气凝结成液体，并把空气等不凝性气体分离出来，达到回收混合气体中的制冷剂的目的，避免浪费，同时降低制冷剂随不凝气体排出对大气造成的污染。

2.15.4　中间冷却器

中间冷却器用于两级压缩制冷系统，装置在低压级的排气管与高压级的吸气管之间。它的功用主要在于降低高压级的吸气温度，避免高压级由于吸入温度高而使排气温度超过允许的温度。此外，它还具有分离低压级排气中夹带的润滑油及冷却蛇形管中的高压液态制冷剂，使之获得较大的过冷度，以提高单位制冷量。

2.15.5　储液器

储液器的作用是存储和调节供给制冷系统内各部分的制冷剂液体，一般有两种用途：一是安装在制冷系统中，以存储制冷循环中的制冷剂液体；二是做备用的储液器，供制冷系统添补制冷剂用。总之，它可以根据负荷变化来调节蒸发器内供液量的变化。

储液容积一般不超过储液器容积的80%，以确保安全。储液容积一般按每小时总循环量的1/3 ～ 1/2估算；负荷比较稳定时，储液容积也不少于总充注量的30%。

储液器是存储制冷剂液体的压力容器，其结构如图2.59所示。

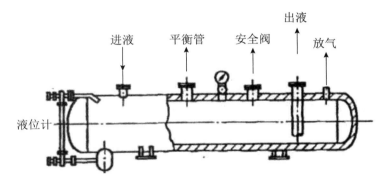

图 2.59　储液器的结构

2.15.6　电磁阀、单向阀、针阀

电磁阀是制冷系统中一种重要的自动控制制冷剂充注部件。它通常与压缩机同时接启动开关，以配合压缩机的启停而自动接通或切断制冷剂的充注。

电磁阀按其开启方式可分为直接启动式和导压开启式两种。在小型制冷装置中多采用直接启动式（直动式）电磁阀。通过电磁铁产生的电磁吸力直接吸动阀以启闭阀口。电磁阀如图 2.60 所示。

单向阀是一种能限制液体单向流动的阀门。

针阀上面有一个顶针，当顶针压下后，管道就和顶针的上部连通；主要用于测量压力，加注冷媒。针阀如图 2.61 所示。

图 2.60　电磁阀

图 2.61　针阀

2.15.7　压力开关

压力开关有两种：一种是低压开关，一种是高压开关。

低压开关的工作原理是：当管道中的压力低于额定值时，开关内部发生机械动作，带动触点（一般是常闭触点）变化（常闭变成开路）。

高压开关的工作原理是：当管道中的压力高于额定值时，开关内部发生机械动作，带动触点（一般是常闭触点）变化（常闭变成开路）。

变化的压力开关的触点信号送到检测电路后，控制部分就会给出告警。

2.15.8　视液镜

视液镜如图2.62所示是一个表面有透明玻璃的部件，连接于制冷剂的管道中，通过它可以看到制冷剂在管道里面流动的状态。一般情况下，视液镜里面观察到的制冷剂呈现静止的状态，若能够观察到有制冷剂的气泡，说明系统的氟利昂的量偏少。另外，在视液镜的中部，有一个绿色的平台，若制冷剂中不含有水分，其呈现绿色；若有水分，则呈现黄色或无色（水分较多）。

图2.62　视液镜

2.15.9　电加热器

在空调中，经常使用电热丝进行加热。为防止出现过热或火灾，电加热器一般还串联一个热电偶，当温度过高时，热电偶会断开电加热器的供电回路，提供保护。

2.15.10　温度继电器

温度继电器内部一般使用两种金属片（双金属片）并放。当温度发生变化时，由于两种金属的热胀冷缩性能不一，会产生机械应力并发生移动，使触点状态发生变化。温度继电器的触点有常开和常闭两种。

2.15.11　干燥过滤器

在制冷系统中，不但有杂质污物，而且还会有水分。水分的来源是多方面的，制冷剂、冷冻油中有水分，系统的管道和设备干燥不严格也残留有潮气和水分。氟利昂制冷剂与水不能相互溶解。为了防止冰堵，必须装有干燥过滤器来吸附系统中的水分。

干燥过滤器安装在冷凝器的出液管和膨胀阀之间。干燥过滤器中装有干燥剂，一般使用活性氧化铝、硅胶以及吸湿特性较好的分子筛作为干燥剂，具有干燥和过滤两种功能。干燥过滤器的结构如图2.63所示。

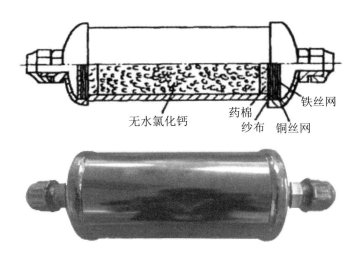

图 2.63 干燥过滤器

铁丝网
药棉
无水氯化钙
纱布 铜丝网

2.15.12 风扇调速器

风扇调速器有很多种，不同厂家的产品各不相同。下面介绍两种常用的风扇调速器。

1. 电子风扇调速器

电子风扇调速器控制室外机的风扇转速，其内部有一个压力传感器，用毛细管与室外机相连。当冷凝器压力高（往往室外机温度较高）时，为了尽快散热，电子风扇调速器会根据压力的大小，控制室外风扇加速运转；当冷凝器压力降低时，控制风扇减少转速，实现合理控制室外机风扇的转速，让机组运行在设计的压力范围。电子风扇调速器如图 2.64 所示。

图 2.64 电子风扇调速器

2. 温控风扇调速器

有的空调采用温控风扇调速器，如图 2.65 所示。这种调速器基本可以理解为是一个可调节的温度继电器。如果室外的温度低于刻度温度，继电器会断开，室外风扇停转。当室外温度升高到高于刻度温度时，继电器会接通，室外风扇开始转动。

图 2.65 温控风扇调速器

2.15.13 漏水告警器、烟雾告警器、火灾告警器

漏水告警器：当水渗漏到漏水传感器时，导致检测回路的电阻发生变化，专用的集成报警电路会将电阻的变化转换为电流/电压信号，从而驱动报警电路和继电器电路产生告警。

烟雾告警器：感烟探测器。一种是离子感烟探测器，它在内、外电离室里有放射源镅241，电离产生的正、负离子，在电场的作用下各向正、负电极移动。在正常情况下，内、外电离室的电流、电压都是稳定的。一旦有烟雾进入电离室，干扰了带电粒子的正常运动，使电流、电压有所改变，破坏了内、外电离室之间的平衡，就会发出信号。另一种是光电感应探测器，它有一个发光元件和一个光敏元件。平常光源发出的光，通过透镜射到光敏元件上，电路维持正常。如果有烟雾从中阻隔，到达光敏元件上的光就显著减弱，于是光敏元件就把光强的变化变成电的变化，通过放大电路报警。

火灾告警器：一种红外光辐射探测器。当发生火灾时，闪烁的红外光使光敏元件（一般为硫化铅）动作，转化为电信号后，触发告警装置产生告警。

2.15.14　板式换热器

板式换热器是一种单纯的换热设备，用于液 - 液、液 - 气热交换。在寒冷季节，对于采用水冷方式的数据中心空调系统，冷却塔＋板式换热器组合可以充当部分冷源或冷源的角色，并且具有绿色节能的功效。

板式换热器主要由框架和板片两大部分组成，它是一种新型高效换热器，板片上具有由模具压成的波纹，板片的四个角开有角孔，作为介质的流道。板片的周边及角孔处用橡胶垫片加以密封。工作时，介质在板片之间形成的薄矩形通道里流动，通过板片进行热量交换，如图 2.66 所示。

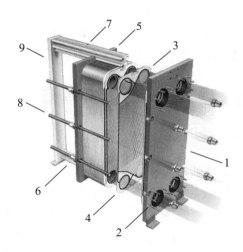

1—固定压紧板　2—连接口　3—垫片　4—板片　5—活动压紧板
6—下导杆　7—上导杆　8—压紧螺栓　9—支柱图
图 2.66　板式换热器

板式换热器具有换热效率高、热损失小、结构紧凑轻巧、占地面积小、安装清洗方便、应用广泛、使用寿命长等特点。在相同压力损失情况下，其传热系数比管式换热器高 3 ～ 5 倍，占地面积为管式换热器的三分之一，热回收率可高达 90% 以上。

第 3 章　空调的分类及各类空调简介

1902 年，制冷之父开利博士设计并安装了第一台空调系统。至今，空调技术已发展 100 余年，形成类型繁多、品种多样的庞大工业门类。

3.1　空调常见分类

空调设备按冷（热）源、空气处理设备的设置、负担室内空调负荷介质、集中系统处理的空气来源、使用目的等，可以划分为不同的空调系统。

3.1.1　根据空调冷（热）源分类

空调系统按冷（热）来源不同，可以分为螺杆式冷水机组、离心式冷水机组、活塞式冷（热）水机组、直燃型溴化锂吸收式冷（热）水机组、地源热泵系统等。

热源以城市热电厂和集中锅炉房产生的热水或蒸气为主，燃料主要是煤、石油、天然气、城市煤气、电等，有条件时也可利用余热或废热。

数据中心制冷系统常用的冷源来自电力驱动的压缩机系统。

3.1.2　根据空气处理设备的设置情况分类

空调系统按空气处理设备的设置情况来分类，有集中式、半集中式和全分散式 3 类。集中式、半集中式空气调节系统，一般统称为中央空调系统。

1. 集中式系统

将空气处理设备及其冷（热）源集中在专用机房内，经处理后的空气用风道分别送往各个空调房间。这样的空调系统称为集中式系统，如图 3.1 所示。

这是一种出现较早、迄今仍然广泛应用的基本系统形式。

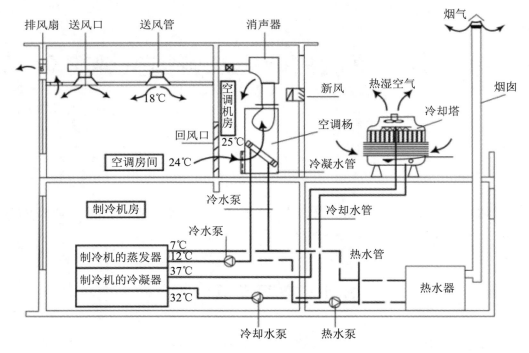

图 3.1 集中式系统

2. 半集中式系统

既能对新风进行集中处理与输配,又能借设在空调房间的末端装置(如风机盘管)对室内循环空气做局部处理的系统称为半集中式系统,如图 3.2 所示。

风机盘管加新风空调系统是目前应用最广、最具生命力的系统形式之一。

当前常见的大型数据中心空调系统也属于半集中式系统,它与上述风机盘管加新风空调系统不同之处主要在末端装置上,数据中心空调系统末端装置通常是机房精密空调。

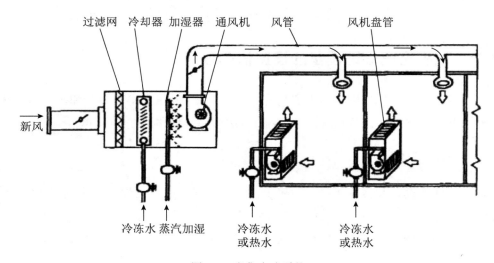

图 3.2 半集中式系统

3. 全分散式系统

将空气处理设备、冷（热）源设备和风机紧凑地组合成为一个整体空调机组，直接安装于空调房间，或者安装于邻室，借较短的风道将它与空调房间联系在一起，这种空调方式称为全分散式或局部式空调方式。例如窗式空调器、分体式空调器都采用该方式。

中型、小型数据中心多选择全分散式制冷系统为计算机服务器等 IT 设备制冷。

3.1.3 按负担室内空调负荷所用的介质分类

空调系统按负担室内空调负荷所用的介质来分类，可分为全空气系统、全水系统、空气 - 水系统、制冷剂系统等。

1. 全空气系统

全部由集中处理的空气负担室内空调负荷，如一次回风系统。由于空气的比热容小，通常这类空调系统需要占用较大的建筑空间，但室内空气的品质有保障。

2. 全水系统

全部由水负担室内空调负荷，如单一的风机盘管机组系统。由于水的比热容大于空气的比热容，在相同情况下空调系统所占用的建筑空间较少。这种系统不能解决空调房间的通风换气问题，通常情况下不单独使用。

3. 空气 - 水系统

空气 - 水系统是由处理过的空气和水共同负担室内空调负荷，如新风机组与风机盘管机组并用的系统。这种系统有效地解决了全空气系统占用建筑空间多和全水系统不能通风换气的问题。这种系统使用较为广泛。

大型数据中心用制冷系统，可选择空气 - 水（包括乙二醇等）系统，例如新风机组与通冷冻水型机房精密空调并用。

4. 制冷剂系统

制冷剂系统是将制冷系统的蒸发器直接放在室内吸收余热余湿的空调系统，如单元式空调系统、窗式空调器、分体式空调器。

目前，小管道内制冷剂的输送距离可达 50 ~ 160m，再配合良好的新风和排风系统，使得制冷剂系统在小型空调系统和旧房加装的空调系统中广泛地被采用。

制冷剂系统的优点在于能量利用率高、占用建筑空间少、布置灵活，可根据不同房间的空调要求自动选择制冷或供热。

制冷剂系统也是数据中心制冷系统中常见的制冷方式。

3.1.4　根据集中系统处理的空气来源分类

空调系统按集中系统处理的空气来源分类，可分为封闭式系统、直流式系统、混合式系统等。

1. 封闭式系统

封闭式系统指所处理的空气全部来自空调房间的再循环空气而没有室外空气补充。该系统应用于密闭空间且无法或不需采用室外空气的场合。

封闭式系统消耗的冷、热量最省，但卫生条件差，仅应用于隔绝通风情况下的地下庇护所及很少有人进出的仓库或机房等。

2. 直流式系统

直流式系统指所处理的空气全部来自室外，送风吸收余热余湿后全部排到室外。

该系统与封闭式系统相比具有完全不同的特点，它可应用于不允许使用回风的场合，如放射性实验室及散发大量有害物的车间等。

为了回收排出空气的冷量或热量，可以在系统中设置冷／热回收装置。

3. 混合式系统

混合式系统所处理的空气部分来自室外，部分来自空调房间。

这种系统既能满足卫生要求，又经济合理，是应用较广泛的一种系统。

3.1.5　按照使用目的分类

空调系统按使用目的分类，可分为舒适性空调、工艺性空调等。

1. 舒适性空调

使用目的为要求温度适宜，环境舒适，对温湿度的调节精度无严格要求的，为舒适性空调，用于住房、办公室、影剧院、商场、体育馆、汽车、船舶、飞机等场合。

2. 工艺性空调

使用目的为对温度有一定的调节精度要求，对空气的洁净度也有较高的要求的，为工艺性空调，用于电子器件生产车间、精密仪器生产车间、计算机房、生物实验室等场合。

数据中心所用的制冷系统属于工艺空调中的一类，但适当考虑舒适性要求。

3.1.6 按送风速度分类

空调系统按风速来分类，可分为高速系统、低速系统等。

1. 高速系统

空调系统主风道风速为 20 ～ 30m/s 的，为高速系统。

2. 低速系统

空调系统主风道风速在 12m/s 以下的，为低速系统。数据中心所用的制冷系统属于低速系统，通常风速为 3m/s。

3.2 多联机空调介绍

多联机，即变制冷剂流量多联式空调系统，也称可变流量（Varied Refrigerant Volume，VRV）空调系统，它是一种制冷剂式空调系统，它以制冷剂为热量输送介质，室外主机由室外侧换热器、压缩机和其他制冷附件组成，末端装置（室内机）是由直接蒸发式换热器和风机组成。通常其由一台室外机和多台室内机构成（一拖多），如图 3.3 所示。

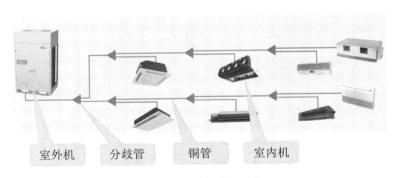

室外机　　　分歧管　　　铜管　　　室内机

图 3.3　多联机空调系统

VRV 空调系统的工作原理是：空调控制系统通过传感器采集室内环境参数、室外环境参数和表征制冷系统运行状况的状态参数，根据系统运行优化准则和人体舒适性准则或场所对空气环境指标的要求准则，通过变频等手段调节压缩机工作，并控制空调系统的风机、电子膨胀阀等一切可控部件，保证室内环境达到要求，并使空调系统稳定工作在最佳工作状态。

VRV 空调系统具有明显的节能、舒适效果。该系统依据室内负荷，在不同转速下连续运行，减少了因压缩机频繁启、停造成的能量损失。采用压缩机低频启动，降低了启动电流，避免了启动时对其他用电设备和电网的冲击，具有能调节容量的特性，改善了使用空调房间的舒适性。

目前比较成熟的多联机技术有两种：一种是变频多联机技术；一种是数码涡旋多联机技术。

3.3　机房精密空调介绍

在早期的类似数据中心的机房（例如通信交换机房、计算机房），曾经使用商用分体式柜式空调机来保持室内适宜温湿度，规模更小一点的场合甚至直接使用家用分体柜式、壁挂式、吊顶式空调机来保障机房的温湿度。在使用过程中，由于机房应用场合与舒适性应用场合有诸多不同，出现过一系列问题，针对这种情况产生了一种新型专用于机房环境的空调，这就是机房精密空调。

机房精密空调又称机房专用空调，大型数据中心的电源室、UPS室、电池室等区域也需要空调设备，这些区域常常不与IT设备机房共用空调系统，而是单独架设一些机房精密空调。在中小型数据中心，机房精密空调使用非常广泛。

机房精密空调外形见图1.1，系统组成如图3.4所示。第4章将详细地介绍这种机型。

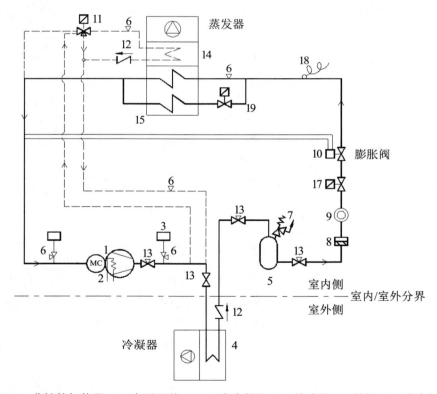

1—压缩机　2—曲轴箱加热器　3—高压开关　4—风冷冷凝器　5—储液器　6—针阀　7—安全阀　8—干燥过滤器　9—视液镜　10—膨胀阀　11—热气电磁阀　12—单向止逆阀　13—截止阀　14—再热盘管　15—蒸发器　16—低压开关　17—电磁阀　18—传感器　19—除湿电磁阀

图3.4　机房精密空调系统组成

3.4　氟泵式制冷节能型空调机组

　　氟泵式制冷节能型空调机组是一种适合秦岭以北广大北方地区的新型绿色节能空调系统形式，如图3.5所示。

　　它的运行逻辑举例如下（不同品牌机型可能存在参数的差异）：当室外温度高于20℃时，采用常规氟利昂蒸气压缩式制冷（也称机械制冷），压缩机正常工作，氟泵不工作；当室外温度低于10℃时，压缩机停止工作，氟泵运行制冷；当室外温度处于10～20℃时，氟泵与压缩机同时开启，以混合节能模式运行。

　　氟泵是一种类似水泵的泵类，其运行功耗只有压缩机的1/10到几十分之一，氟利昂液体通过氟泵，类似水流过水泵，这个过程是没有压缩的。另外，采用氟泵模式运行时制冷剂在室内外换热器里有蒸发和冷凝过程，所需流量少于水，效率较高。

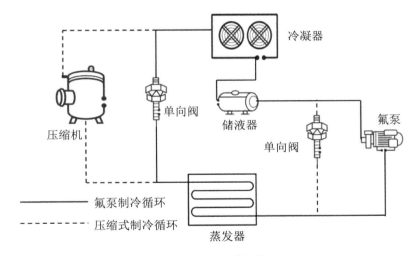

图3.5　氟泵式空调

第4章 机房精密空调的使用与维护

数据中心是热密度高的环境与场所，数据中心内的计算机、服务器等 IT 设备对机房的环境有较高要求。

数据中心内的热、湿负荷的特点是：既要求空调系统的制冷能力较强，以便在单位时间内消除机房余热，又要求空调机的蒸发温度相对较高，以免在降温的同时进行不必要的除湿（除湿时水分由气态变为液态会放出潜热，潜热值较大会消耗较多制冷量）。

因此，数据中心空调系统必须具备风冷比相对较小的特性，即在制冷量一定的条件下，要求空调机循环风量大、进 / 出口空气温差小等特点。同时，较大的循环风量有利于机房温度、湿度指标的均衡，有利于保证机房全域气流分布合理，避免机房内距离空调出风口较远的远端区域热量聚积，导致出现局部热点的情况。

由于数据中心具有上述特点，所以在数据中心所使用的空调机组与一般民用建筑如商场、商务办公楼、大型酒店是不同的。在数据中心较常见的是一种称为机房精密空调的空调机组。

4.1 数据中心机房的负荷特点

数据中心的计算机服务器、交换机、存储器等 IT 设备的集成度越来越高，精密性也越来越高，使得数据中心机房的空调负荷特点更加显著地表现为：热负荷大、湿负荷小、单位体积发热量越来越大。

热负荷主要来自计算机、通信等IT设备的集成电路，如 CPU、内存、硬盘、显示芯片、接口单元等电子元件的不断集中发热，并且发热量极大。目前商用的服务器机柜满载发热量可达到每个机柜发热量高达 20 ～ 30kW。

4.2 数据中心机房的环境特点及相关国标

原国标《电子信息系统机房设计规范》（GB 50174—2008）已经进行了更新，更名为《数据中心设计规范》（GB 50174—2017），对数据中心环境有具体限定，并根据数据中心重要性、可靠性要求的等级，对数据中心环境系统分等级做了具体要求。下面对这两个国标关于机房环境要求的部分加以介绍比较，如表 4.1 和表 4.2 所示。

表 4.1　《电子信息系统机房设计规范》（GB 50174—2008）关于数据中心环境的规范

环境要求	技术要求			备　注
	A 类	B 类	C 类	
主机房温度（开机时）	23 ±1℃		18 ～ 28℃	不得结露
主机房相对湿度（开机时）	40% ～ 55%		35% ～ 75%	
主机房温度（停机时）	5 ～ 35℃			不得结露
主机房相对湿度（停机时）	40% ～ 70%		20% ～ 80%	
主机房和辅助区温度变化率（开、停机时）	< 5℃ /h		< 10℃ /h	不得结露
辅助区温度、相对湿度（开机时）	18 ～ 28℃，35% ～ 75%			不得结露
辅助区温度、相对湿度（停机时）	5 ～ 35℃，20% ～ 80%			
不间断电源系统电池室温度	15 ～ 25 ℃			
含尘浓度（静态下测试）	每升空气中大于等于 0.5μm 的尘粒数应少于 18 000 粒	每升空气中大于等于 0.5μm 的尘粒数应少于 18 000 粒		应满足电子信息设备的要求

表 4.2　《数据中心设计规范》（GB 50174—2017）关于数据中心环境的规范（节选）

环境要求	技术要求			备　注
	A 类	B 类	C 类	
冷通道或机柜进风区域的温度	18 ～ 27℃			不得结露
冷通道或机柜进风区域的相对湿度	< 60%			
主机房环境温度和相对湿度（停机时）	5 ～ 45℃，8% ～ 80%			
主机房和辅助区温度变化率	使用磁带驱动时：< 5℃ /h 不使用磁带驱动时：< 20℃ /h			
辅助区温度、相对湿度（开机时）	18 ～ 28℃，35% ～ 75%			
辅助区温度、相对湿度（停机时）	5 ～ 35℃，20% ～ 80%			
不间断电源系统电池室温度	20 ～ 30 ℃			
主机房空气粒子浓度	< 17 600 000 粒			每立方米空气中粒径大于或等于 0.5μm 的悬浮粒子数

通过对比可以发现，GB 50174—2017 根据电子信息设备技术的发展，国外相关标准的变化，以及节能要求，对数据中心主机房的温度等参数的规定进行了调整。

4.3 数据中心机房的环境参数对空调的要求

数据中心机房、通信机房等应用场地，其服务对象均为服务器、交换机、路由器、存储器等 IT 类设备，单位发热量大，因此对机房用空调的要求与其他使用场合不同，具体表现在下述几方面。

1. 大制冷量

数据中心机房的热负荷很大，IT 类设备的发热严重，致使单位面积热负荷远高于办公区域，即热负荷很大；因为这些设备不产生湿度变化，所以湿负荷较小。这就要求机房用的空调制冷能力强，在单位时间内能快速消除设备发出的热量。

2. 小焓差

数据中心机房要求空调的蒸发温度相对较高，避免降温的同时进行不必要的除湿。

3. 大风量

因为机房用空调要求送风的焓差小，避免不必要的除湿，而另外又要求大制冷量，所以必须采取大风量的设计。大风量的循环也有利于机房的温度、湿度等指标的稳定调节，也能保证机房温度、湿度的均衡，达到大面积机房气流分布合理的效果，避免机房局部的热量聚集。

4. 大风冷比

风冷比是空调设备的风量和冷量之比。

为了提高运行效率，保证机房气流组织，提高过滤空气的洁净度，通信机房要求的空调设备的风量较大，因此数据中心机房、通信机房空调设备比普通舒适性空调的风冷比大。

舒适性空调的风冷比为 1∶5 m³/kcal。

机房空调设备的风冷比为 1∶2～1∶3 m³/kcal。

举例说明：某品牌 5 匹家用柜式空调，其室内机风量为 1980m³/h，冷量为 12kW，其风冷比为 1980m³/h÷（12×860）kcal/h=19.8÷100=1∶5 m³/kcal。

对于机房专用空调，以某机房空调为例，其室内机风量为 20 390m³/h，冷量为 67kW，其风冷比为 20390m³/h÷（67×860）kcal/h=20390÷57620=1∶2.8 m³/kcal

可见，两者的风冷比相差极大，近似 2 倍。

5. 相对湿度控制

虽然数据中心机房的 IT 设备不产生湿度的变化，但是机房的湿度必须保持在一定范围之内，通常为 40% ～ 60%。

湿度过低容易导致电子元器件产生静电，造成静电放电乃至击穿；湿度过高，又容易导致设备与元器件的表面结露而出现冷凝水，发生漏电或短路现象而无法正常工作。因此，要求数据中心机房的空调机具备加湿与除湿功能，并能将相对湿度控制在允许的 40% ～ 60% 范围内。

6. 除尘与空气净化

除了温度和相对湿度的要求外，数据中心机房的空调还必须具备除尘与空气净化的功能。由于机房内的灰尘会影响 IT 类设备的正常工作，灰尘积累在电子元件上易导致电路板腐蚀、绝缘性能下降、散热不良等诸多问题，要求数据中心机房空调机的空气过滤器具备良好的除尘与空气净化功能。

7. 不间断地可靠运行

IT 类设备不间断地运行，也要求空调机能 365d×24h 地不间断可靠运行。即使在冬季也需要提供相应的制冷能力，并能稳定满足冷凝压力与北方寒冷低温运行环境的要求。

数据中心机房的可靠性要求很高，空调机必须在工作寿命（通常要求为 8 年以上）内可靠稳定地运行，为机房提供恒温、恒湿的环境。

8. 可监控、可管理

数据中心的空调机组数量多，必须进行科学、专业的维护与管理，这要求空调机组可被远程监控与管理。

9. 节能运行

数据中心的空调是主要的耗能设备之一，要求空调机组能节能运行。

4.4　数据中心机房采用机房精密空调的必要性

根据空调的用途分类，可分为舒适性空调，即为人体生活与工作所设计的空调系统；工艺性空调，即为满足对温度和湿度、空气洁净度、运行工况等有特定要求所设计的空调。

机房空调是针对数据中心机房、通信机房等的特点与环境的要求而设计的，属于工艺性空调；同时适当考虑人体舒适性要求。

舒适性空调根据国标《房间空气调节器》（GB 7725—2004）的设计，是针对人体所需的环境要求而设计的，无法完全满足数据中心机房的温度恒定、相对湿度恒定、空气洁净度、换气要求、机房正压等要求。

从原理上看，舒适性空调在设计上与精密空调的差异如表 4.3 所示。

表 4.3　舒适性空调与精密空调的差异

项目	普通空调	精密空调
热密度 /（W/m²）	100 ～ 150	500 ～ 10000 或 4 ～ 50kW/ 机柜
环境调节要素		
显热比	0.6 ～ 0.7	0.9 ～ 1.0
运行温度范围 /℃	−5 ～ +35	−40 ～ +42
控制温度精度 /℃	21 ～ 27	22 ～ 24
换气能力（次 /h）	5 ～ 15	30 ～ 60
空气过滤	简单	ASHRAE* 推荐：20%
出风温度 /℃	6 ～ 8	10 ～ 14
对特别功能的要求		
再热器	无	有
加湿器	无	有
集中监控能力	无	有
运行时间 /（h/a）	1000 ～ 2500	8760
使用寿命 /a	2 ～ 3	> 8
断电自动恢复	无断电自动恢复和启动延时	断电可自动恢复，启动延时可调
备份	无	N+1//N+2
耗能比例	1.5	1

*：ASHRAE——美国采暖、制冷与空调工程师学会。

若将舒适性空调应用于数据中心，一般会有如下一些问题。

1. 舒适性空调的出风温度过低

舒适性空调的设计为小风量、大焓差，出风温度设计为 6 ～ 8℃，换气次数设计为 10 ～ 15 次 /h。精密空调的设计为大风量、小焓差，出风温度设计为 10 ～ 14℃，换气次数设计为 30 ～ 60 次 /h。舒适性空调的出风温度为 6 ～ 8℃，而在湿度大于等于 50% 的时候，8℃ 为露点，就是说空气中的水蒸气在此温度下会凝结成水滴，这对靠近空调出风口处的设备极其不利，会导致微电路短路。舒适性空调在不考虑湿度对设备的影响的前提下，对近端设备可以有效降温，但由于换气能力及风量不足，导致换气次数不够，即对距离出风口较远的设备无法起到降温作用。精密空调在出风温度设计出避免了"露点问题"，并通过大风量（最小换气次数设计为 30 次 /h，即每 2min 将机房空气有效过滤 1 次）的设计解决了机房整体降温问题。

2. 舒适性空调在 -5℃以下无法运行

舒适性空调在设计理念上只是在夏季发挥降温功能,其夏、冬两季蒸发器、冷凝器功能互换的设计决定了当室外温度在 -5℃及以下时,无法进行空气调节(无法降温和升温)。标准机房的特点是发热量大,其空调即使在冬季也要具备降温功能。精密空调的设计严格适应各类室外温度变化的要求,在 -40 ～ +45℃范围内保证空调 24h 正常工作,包括降温和升温。

机组运行温度范围如表 4.4 所示。

表 4.4　机组运行温度范围

项目	精密空调	舒适性空调
正常运行机组允许的室外温度范围 /℃	-35 ～ +42	-5 ～ +38

3. 舒适性空调的温度调节精度过低

舒适性空调的温度调节精度为 6℃。从风量及出风问题上考虑,仅仅保障近端设备处的温度,温度的波动对设备稳定运行极其不利。精密空调的温度调节精度为 1℃,温度检测点位置可以在房间内选择,温度波动小。

4. 舒适性空调没有湿度控制功能

舒适性空调无法进行湿度控制,既没有加湿设备,也无法有效除湿。湿度过高产生的水滴及湿度过低产生的静电对设备运行都极其不利。湿度是精密空调重要控制参数,可以达到 1% 的控制精度,湿度无波动。

5. 舒适性空调的设计寿命短

精密空调的设计寿命为 10 年,运行要求为 365d×24h。目前已经有一些舒适性空调厂家标称设计寿命超过 5 年,然而其计算方法为每年应用 1 ～ 3 个季度,每天运行不超过 8 小时,如果根据精密空调设计寿命的计算方法来计算,其设计寿命不超过 2 年。

6. 舒适性空调空气过滤能力较低

舒适性空调只具备简单的过滤功能。精密空调严格按照粒 $_{0.5\mu m/L}$ < 18 000(B 级)设计,配合以 30 次 /h 的风量循环,保障机房洁净。机房洁净对设备运行非常重要。

7. 舒适性空调的维护量大

因舒适性空调并非针对数据中心应用场合而设计制造,所以从全年运行管理角度看,其发生故障的概率大于机房精密空调,例如在夏季气温最高那段时期、冬季温度最低那段时期,可能会频繁出现保护停机现象,此外,舒适性空调并不适宜常年大负荷运转,客户必须组织队伍经常进行巡视维护,维护量大、维护成本高。精密空调的设计针对"少维护"，其维护量通常只集中在机组自动提示的过滤网更换及加湿罐清理等简单工作，因此数据中心机房用户，更倾向于使用精密空调。

8. 舒适性空调的综合成本高

舒适性空调的综合成本较高，具体分析如下：

（1）从一次性购买成本上看，如果使用机房专用空调，达到相同制冷量的价格是舒适性空调的几倍。但机房专用空调的使用寿命是舒适性空调的 2 ~ 4 倍，也就是说，在 10 年时间里，可以只用 1 批机房专用空调，而不是 2 批甚至 3 批舒适性空调。

（2）从运行成本上看，在发挥同样制冷效果的前提下，舒适性空调的耗电量是机房专用空调耗电量的 1.5 倍。在下面的实例计算中考虑了机房专用空调和舒适性空调显热比和能效比的差异。机房专用空调显热比高达 80% ~ 90%，也就是说，有 90% 的效率用于设备的有效降温，只有 10% 左右的能耗用于适度除湿。舒适性空调的显热比为 60% ~ 70%，有 30% ~ 40% 的效率用于过度除湿，导致机房湿度过低，不但设备受到静电的威胁，而且极大地浪费能源。

（3）机房专用空调选用的工业等级压缩机能效比高达 3.3，而舒适性空调目前选用的高等级压缩机能效比约为 2.9，也就是说，1kW 电能仅能运输 2.9kW 冷量，低于机房专用空调。

从一个产品的生命周期来看，出于成本考虑，选择机房专用空调可以节省大量的运行成本、维护成本。虽然舒适性空调的初期投资远低于机房专用空调，但一般经过 3 ~ 4 年，使用舒适性空调和机房专用空调机组的费用基本持平，此后，使用舒适性空调的费用就越来越高于机房专用空调。

综上所述，对于机房，要保证机房的环境稳定可靠，需要用机房专用空调来实现。使用舒适性空调机组仅是减少了初期投资，但无法保证机房要求的温、湿度环境，总费用也高于机房专用空调。

4.5 风冷直膨式机房精密空调的系统结构及维护保养要点

前面讲了在数据中心中使用机房精密空调的原因，下面介绍机房精密空调中出现得最早也是比较常见的一种——风冷直膨式。

风冷的意思是冷凝器通过空气散热，直膨是直接膨胀（Direct Expansion，DX），就是其自身带有采用氟利昂蒸气压缩式制冷方式的冷源，且靠氟利昂通过蒸发器直接冷却空气。从外观上看，它的组成很简单，包括室内机、室外机和连接管线，如图 4.1 所示。

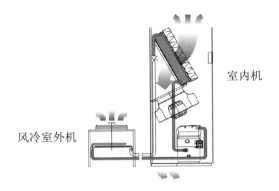

图 4.1 风冷直膨式机房精密空调

纵观数据中心的发展，早期的数据中心是以"计算机房"或"计算机中心"的形式出现的，当时机房规模较小，机架位也较少，机房内 IT 设备形式多种多样，单机柜功耗一般是 1～2kW。由于当时 IT 设备制造技术有限，对 IT 设备运行环境要求很高，温度精度要求达到 ±1℃，相对湿度精度要求达到 ±5%，洁净度达到十万级（即粒$_{0.5\mu m/m^3}$ < 3 500 000）。在当时的条件下，风冷直膨式精密空调被大量采用，早期就称为机房空调或机房专用空调。这种机型能较好地满足机房环境要求，安装布置相对灵活，安装完毕后只要通电即可工作（如需加湿功能则应布置一个市政水管接入）；维护工作量较小，易于组成冗余，用途较广，既可用于机柜数量较少的小型数据中心，也可通过台数增加满足中大型数据中心的需要。

下面主要根据风冷直膨式机房精密空调的组成，分如下几个系统介绍：框架系统、送风系统、制冷系统、电加热系统、加湿系统、控制系统。

4.5.1 框架系统

风冷直膨式机房专用空调的框架系统组成如图 4.2 所示。

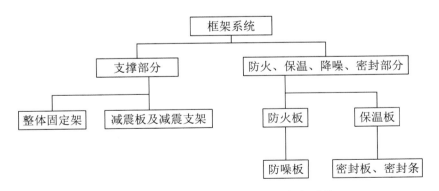

图 4.2 风冷直膨式机房精密空调框架系统

框架系统维护要点如下：

■ 每季度对机房空调框架系统进行检测；

■ 检测支撑部分、整体固定架、减震板及减震支架的固定及稳定情况；

■ 检查机组防火、保温、降噪、密封的有效性；

■ 清理保温板污垢；

■ 每次巡检须清洁机组内部和外部污垢。

4.5.2　送风系统

风冷直膨式机房专用空调的送风系统组成如图 4.3 所示。

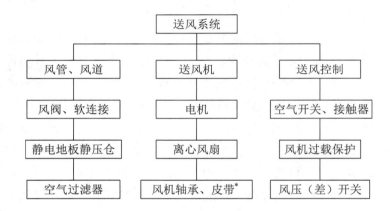

* 风机若不采用皮带传动则不设皮带

图 4.3　风冷直膨式机房精密空调送风系统

送风系统维护要点如下：

■ 每次巡检对机组送风系统进行全面检测；

■ 每月须对机组空气过滤器进行清洗；

■ 每次巡检须对机组送风管、回风管、地板静压仓、风口等进行检测，确保送回风通畅；

■ 检测送风机电机绕组阻值及风机运行电流，评测风机运行工况；

■ 检测送风风扇、风机轴承运转情况，如需要给风机轴承补充润滑油，确保风扇转动无偏轴、不合理摩擦；

■ 如风机为皮带传动则检测风机皮带松紧程度及磨损情况，发现问题及时记录并提交报告；

■ 检测送风系统所有机械部件是否完好，包括减震、固定螺栓、金属外壳(锈蚀)等；

■ 检测风机控制空气开关、交流接触器、风机过载保护器、风压开关等控制部件的有效性，必要时调整设定值；

■ 检测送风系统相关线路的接线端子、线路的老化程度和有无外伤，确保送风系统的控制安全。

4.5.3　制冷系统

风冷直膨式机房专用空调的制冷系统组成如图 4.4 所示。

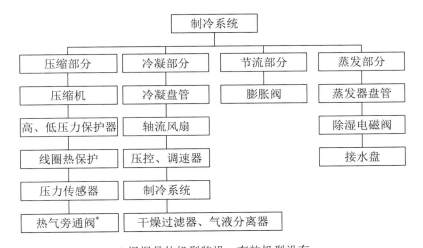

```
                        制冷系统
        ┌──────────┬──────────┬──────────┐
     压缩部分      冷凝部分    节流部分    蒸发部分

     压缩机        冷凝盘管    膨胀阀      蒸发器盘管

  高、低压力保护器   轴流风扇               除湿电磁阀

   线圈热保护      压控、调速器            接水盘

   压力传感器      制冷系统

   热气旁通阀*    干燥过滤器、气液分离器
```

*根据具体机型装设，有的机型没有

图 4.4　风冷直膨式机房精密空调制冷系统

制冷系统维护要点如下：

■ 巡检时对制冷系统全面检测；

■ 每次巡检须检测并记录压缩机电机绕组阻值、运行电流、噪音等技术数据；

■ 检测制冷系统所有接口、管路的密封性；

■ 对制冷系统运行压力进行检测，评测系统内压缩部分、冷凝部分、节流部分、蒸发部分的工况，必要时须做出调整；

■ 每次巡检须对冷凝器进行专业清洗，保证冷凝器的换热效率，并对风冷冷凝器的轴流风扇电机、扇叶进行检测，采集相关电机阻值、运行电流等技术参数；

■ 每年对蒸发器进行专业清洗，保证蒸发器的换热效率；

■ 检测制冷系统相关所有电控部件，保证其可靠性；

■ 对机组除湿功能进行检测，保证其有效性；

■ 检测制冷系统所有机械部件的稳定性，清除油垢、污垢等。

4.5.4　电加热系统

风冷直膨式机房专用空调的电加热系统组成如图 4.5 所示。

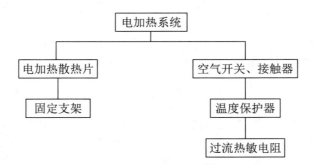

图 4.5　风冷直膨式机房精密空调电加热系统

电加热系统维护要点如下：

- 每次巡检时对机房空调的电加热系统进行全面检测；
- 每次巡检须检测电加热器的运行电流，并做技术数据采集；
- 检查电加热器机械部件的完好程度；
- 检测电加热器控制部分各电气部件安全性；
- 检测电加热器温度保护器的灵敏程度，必要时调校；
- 检查电加热器周边安全环境，保障电加热器运行的安全性，排除安全隐患。

4.5.5　加湿系统

风冷直膨式机房专用空调的加湿系统组成如图 4.6 所示。

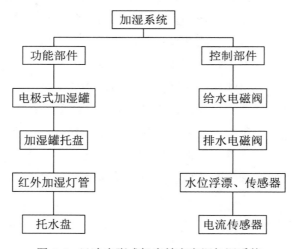

图 4.6　风冷直膨式机房精密空调加湿系统

加湿系统维护要点如下：

- 每次巡检对加湿系统进行全面检测；
- 每月对加湿罐进行全面清洗，保证其工作效率；
- 每次巡检对加湿系统给排水管路进行给排水测试，保障给排水管路通畅，无漏点；

- 检测加湿系统给排水电磁阀的有效性；
- 检测加湿系统电流传感器的灵敏性，必要时调校；
- 检测加湿系统运行工况，并进行技术数据的采集；
- 检测加湿系统所有电气部件的可靠性及安全性；
- 检测加湿系统漏水告警器的有效性。

4.5.6　控制系统

风冷直膨式机房专用空调的控制系统组成如图 4.7 所示。

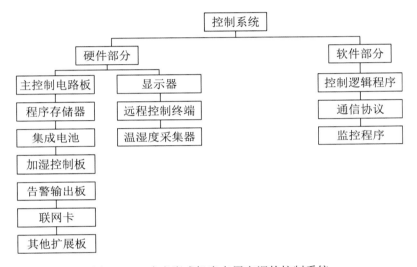

图 4.7　风冷直膨式机房专用空调的控制系统

控制系统维护要点如下：

- 每次巡检应对机组控制系统进行全面检测；
- 每次巡检对机组测试技术数据进行采集记录；
- 检测控制系统所有相关硬件及线缆的紧固情况，必要时进行紧固；
- 检测控制系统硬件及线缆的绝缘，必要时维修；
- 清洁相关硬件污垢，保证相关控制板和扩展板以及电气元件工作安全；
- 检测并清洁温湿度传感器，保证温湿度传感器灵敏度，必要时调校；
- 检测控制系统软件部分，通过控制面板对机组各系统进行单独控制测试，保证机组各相关部分控制有效、反映准确。

4.6　风冷直膨式机房精密空调的送回风系统

4.6.1　送风系统的布置

　　机房精密空调送风形式有上送风和下送风。下送风是将地板以下空间作为静压箱，作为输送冷风的通道，同时在 IT 机架正面的地板上开孔作为送风口，这样经过空气调节处理过的较低温度气体，自下而上流过机架，将热量带走，从而保证机架上的 IT 设备在一个适宜的环境温度下工作。上送风系统与下送风系统方向相反，采用天花板以上空间作为静压箱来处理；或按照用户需求在天花板布置风管，这时应注意风管不宜过长，一般应保证静压消耗小于 75Pa。如果确实需要较长风管，考虑采用增加风机的方式来弥补。

4.6.2　机房的构造及气流组织方式

　　机房的布置应考虑设备的发热量、空调机的制冷量、循环风量、换气次数等诸多因素。机房形状应考虑气流组织，尽量避免窄长状；机房的净高度一般至少高出机柜 0.5 ~ 0.6m，同时还要考虑其他的条件，一般以 3 米为宜。

　　机房顶部的技术夹层高度一般为 0.5 ~ 1m，地板下送风静压箱高度不低于 0.35m。具体气流组织方式有以下 4 种：

　　（1）落地式空调送风方式：上送风带风帽结构，直接在房内送回风。

　　（2）上送风方式：冷风通过天花板的风道（或静压箱）送入机房内，回风通过侧墙上的回风隔栅回至空调机内。空调可置于邻室内，通过送回风管道和百叶风口形成一定的气流组织。

　　（3）地板下送风方式：利用机房的活动地板通风口使空调机送出的冷风自下而上吹向 IT 机架，然后由上部回风，这种方式分为有隔墙和无隔墙两种。有隔墙的应设置回风道以利回风。

　　（4）上送风和地板下送风混合方式：是由两个或多个独立的空调系统组合而成：由上部送风口送出冷风，下部回风格栅回风。而另一台或数台下送风空调机则从地板下部送风，这种方式可以同时满足机器本身和工作人员的空调要求，温度也趋向于平均，但造价较高。

4.6.3　风道系统的组成

　　机房精密空调的风道系统通常由电动机、风机和空气过滤器组成。

1. 电动机与风机

较早一点的机型有电动机通过皮带轮传动带动风机旋转这种形式，现在为了尽可能提高能效，一般都采取电机与风机共轴的形式。

2. 空气过滤器

为达到空调机房的精度与洁净度的要求，在风道系统设置了空气过滤器装置，分为高效、亚高效、中效、粗效等多个等级。有的过滤网是一次性消耗材料，有的则可以清洗后再利用，但是不建议长期清洗使用。

4.6.4　风机风量的调节

风机风量的调整可借助于可调校的底盘以及电机皮带盘。有些风机则可通过改变电机的接线方式来调整风量，即通过电动机转速的变化来达到。例如：风机电机为单相，根据接线位置，可调节转速为 900rpm 和 1300rpm。

4.7　风冷直膨式机房精密空调加热装置

在机房精密空调中，加热装置常采用 PTC 电加热。加热器的功能主要是用于补偿在除湿过程中被带走的显热能量，使室内温度不会因除湿而产生太大波动。在较冷季节，电加热也可给空调房间补充热量以达到所要求的恒温要求。一般在负荷较小的机房才会出现这种情况。

PTC 电加热通常均内置过热安全保护装置。加热一般分为多级，对应不同低温状况，以使能量得以合理利用。

加热也可采用可控硅控制方式，这样加热能力能从 0% ～ 100% 调节，以保证恒温效果。

4.8　风冷直膨式机房精密空调加湿装置

精密机房空调机组上配置的加湿装置，常用的有两种：一种是电加湿罐，另一种是远红外加湿器。

4.8.1　电加湿罐

在电加湿罐中，水接触电极，分为三相和单相两种，分别用在大功率和小功率的场合。在刚开始加湿时，由于水的导电性差，加湿的速度慢；当水温升高，加湿的速度会逐步增加。当水变成蒸气，水减少后，加湿罐会自动进水，稀释矿物质的浓度，加湿速度会下降。

电加湿罐的具体组成包括：电极棒、蒸气喷雾管、进水电磁阀、排水电磁阀、水位控制器。

由于水质的原因，电加湿罐的加湿性能区别很大。如果水质软，加湿量就比较小，需要注入盐来增强水的导电性；如果水质硬，可以产生很大的加湿量，但是同时会产生很多水垢，需要定期维护清理。

给电加湿罐中的电极加电后，所产生的电流使水中离子化的不纯物产生运动，并逐渐热起来，达到沸点后产生蒸气，送至空调房间。因此，对于除去不纯物质的纯水，电加湿罐不能发挥加湿功能。

4.8.2　远红外加湿器

远红外加湿器一般采用石英灯管。石英灯管通电后会产生远红外光，远红外光照射在水面，水分子的表面张力就会被破坏，水分子就会以气体的形式溢出水面。这种加湿方式产生水蒸气的速度很快，一般在 6min 左右就有大量的水蒸气产生。

远红外加湿器的具体组成包括：①高强度石英灯管；②不锈钢反光板；③不锈钢蒸发水盘；④温度过热保护器；⑤进水电磁阀；⑥手动阀门；⑦加湿水位控制器。

当空调房间的湿度低于设定的湿度时，由控制系统输出加湿信号，加湿器开始工作，5～6s 内即可将水分子送入送风系统，以达到加湿的目的。水位控制是由浮球阀来承担的，并且和进水阀共同组成了一个自动供水系统，如果供水量偏小或无水供应，那么通过一个延时装置自动切断红外线加湿灯管系统接触器线圈的电源，使之停止工作。在加湿器不锈钢反光板上部和水盘下部各有一个过热保护装置，当设备出现过热现象时，保护装置将断开加湿器的工作状态，并同时引发加湿器报警出现。

4.9　风冷直膨式机房精密空调控制系统

4.9.1　常见功能介绍

风冷直膨式机房精密空调控制系统的常见功能如表 4.5 所示。

表 4.5　精密空调控制系统常见功能

功能名称	功能说明
上下限控制	将温度、湿度精确控制在一定范围之内
随意设定	温湿度、控制参数、过限警戒点均能随意设定，配合不同环境的应用需要
数据保存	所有设定及数据均有存储，即使电源中断，设定数据也不丢失
安全密码	二级安全密码提供不同权限于不同人员，防止未经授权者更改参数或干扰机组操作
重要事件记录	系统备有自动记录重要事件发生日期及时间功能，有助于分析排除故障。重要事件包括恢复电源、开关机组、发生警报、确认或取消警报
自动启动备用机组	若严重的报警条件存在导致室内的环境不能维持在设定点上，系统能自动启动备用机组
诊断程序	内置诊断程序简化调试和故障排除
联网功能	系统内置通信端口，通过网络线，机组可与同型号机组联网，也可通过网络设备与集中控制系统通信
控制模式	系统可设有几种不同控制模式：如本地控制、远程控制等
程序再启动	在电源中断的情况下，机组可编程为"手动"或"自动延时"再启动。"自动延时"再启动是在安装有多机组的场合，能够允许每台机组按不同的延时启动。设定顺序启动，可避免多台机组同时启动对电源的扰动
部件运行记录	控制系统能自动记录重要部件累计工作时间，以供能效分析和计划维修之用
压缩机自动切换程序	自动地"先/后"切换压缩机程序，可使压缩机的运行时间均匀，延长压缩机的寿命
部件顺序启动	系统再启动部件时，能顺序编排各部分的启动时间来达到最小的冲击电流
温湿度记录图	系统备有温度和湿度曲线图，显示最近 24h 或更长时间段温度和湿度的变化
群控	具备群控联机功能

4.9.2　通过机组本地用户终端进行的操作

1. 本地用户终端的组成

本地用户终端（又称控制面板）一般由下列部件组成：显示屏、开机/关机状态指示灯、工作状态和警报指示器、系统提示灯。

2. 显示屏显示内容

显示屏显示内容一般有：温度、湿度、时钟、日期、机号指示、当前警报队列、开/关机屏显按键控制，警报消音器屏显按键控制等。

3. 常见操作

本地用户终端上的常见操作如表 4.6 所示。

表 4.6　本地用户终端上的常见操作

操作名称	操作内容
温湿度读取	显示屏上温度和湿度读数显示为系统传感器测得的数据，温度可以℃或℉读出，湿度通常为相对湿度
当前报警事件查看	系统记录有报警发生时间、详细报警信息，并将信息按发生先后次序排列
消除报警信息	在报警队列内的报警信息，只有在满足下列两个条件时，才能消除：①警报发生条件被消除；②按报警信息清除键，清除被证实的信息
查看温湿度图形	系统中存储有历史温湿度数据，可以以图形方式直观地查看

4.10　风冷直膨式机房精密空调安装调试方法及注意事项

4.10.1　场地准备

场地准备需要完成如下操作：

（1）设备开箱后要检查设备的规格、型号及所带的备件是否与合同的装箱单相符，设备外观与内部是否完好无损。

（2）风冷型空调机室内机与室外机组在出厂时都充有 0.2 ～ 0.5MPa 氮气，在设备开箱后即应首先检查，如发生异常情况应及时与厂家联系，如无问题即可进行就位工作。

（3）为了取得良好的隔热、隔湿效果，机房窗面应密封或至少装双层玻璃；为了避免湿空气进入房间，对天花板部位也要注意采取防护措施。

（4）机房内一般人员较少，可适量注入新鲜空气，一般为循环风量的 5%；为了防止灰尘通过缝隙进入，房间应维持正压，并且进入的新鲜空气的加热、制冷、加湿、除湿负荷应考虑进总的负荷要求。

（5）为减少空气分布阻力和对房间任何部分通风通路的堵塞，要对所有电缆和管道做好仔细处置。所有在抗静电地板下的电缆和管道应水平放置，尽可能与空气道平行。

（6）上送风空调机最好设置在单独房间内。为保证足够的回风气流，必须留有足够的送风和回风开口面积，并要注意送风方向，要顺着空气流动的方向送入空调房间内。

4.10.2　精密空调的安装

新到货的精密空调，其随机文本资料中通常有一份安装手册或安装注意事项说明，安装前应仔细阅读并在安装工作中遵照执行。以下列出一些具体安装过程中通常需要注意的事项：

（1）空调机为下送风时，建议地板高度至少大于 300mm，四周应留有足够的空间，其距离应能够方便地打开机柜的门以及保障维修人员适当的活动空间。

（2）室外机的安装应放置在较为空旷和空气干净的地方，为了方便空气的流动，提高散热效果，室外机的周围及上部不应有遮挡物存在。

（3）室外机由于条件限制必须侧装时，应做好牢固的支撑固定架，并严格按照上进下出的原则连接气管和液管。

（4）气管和液管的安装要求美观、整齐、横平竖直，多根管道尽量布置在同一平面支架上，不要将一部分管道重叠在另一部分管道上。

（5）要使室内、室外机连接管道的长度尽量缩短和减少弯头，并且都应具有良好的保温，不允许有分段结合部位遗漏，用支架固定好。

（6）气管的垂直高度每升高约 8m（具体数值见机组安装说明）应设一存油弯，停机时可汇聚冷凝的制冷剂和冷冻油，开机时确保冷冻油的流动。存油弯制作时可采用两个 "U" 形弯，高度一般为管径的 3～5 倍。

（7）水平气管应向冷凝器方向倾斜，这样一旦停机，油液和已冷凝的制冷剂就不能流回压缩机内。

（8）穿过砖体结构的所有铜管均应加以保护，以免损坏管道，并确保一定的柔性。

（9）在开始架设管道之前，应检查管件内部是否干燥、清洁，通常用直管连接时，应用无水乙醇清洁管道内壁两遍，并随时注意用塞子封闭管道的端头。

（10）在焊接过程中，应使用正确的工具和焊料。焊接工作区应非常清洁，四周不得有易燃物品，以防止产生有毒气体。另外值得注意的是在完成最后一个接头的焊接之前，应在相关的位置卸下相关的螺帽接头，以避免管内压力升高。

（11）在所有管道连接完成之后，用氮气进行试压检漏，充气压力应大于 1.4MPa（具体数值不同机型可能有差异），并且要从高、低压部分同时充入氮气直至平衡为止。

（12）在充入氮气后，24h 的保压时间内应无泄露。如 24h 内气温变化较大，由于气体的热胀冷缩特性，压力会有微小变化，如温差为 3℃，压力变化小于 1%，应属正常；如果压力变化值超标，那么应查出漏点，重新补焊试压。

4.10.3　精密空调的调试

精密空调在安装完成后、投入使用前一般有一个调试的步骤，一般应由厂家或厂家授权的机构完成，通常包括以下内容：

（1）检查精密空调主电源接线是否正确，进线电压是否正常，空调机组上的保护接地端子是否已可靠与电源地线系统连接上。

（2）检查电源线、信号线各接线端子处固定螺丝是否拧紧，有无松动。

（3）测定各零部件的静态阻值，进行核对，并做好记录。

（4）通过目测对设备各部位情况再进行一次检查，确认无异常。

（5）试漏完成后，放掉系统内氮气，用双连压力表连接吸排气阀门，打开真空泵和吸排气阀抽真空，时间不少于 90min。有曲轴箱油加热器的应同时打开。

（6）抽真空结束后，静态从排气阀处直接注入氟利昂气体，观察低压表，使之上升至 0.6 ～ 0.7MPa 处，关闭排气阀；开机从吸气阀处补充氟利昂气体，直至视液镜内气泡刚刚消除时停止充灌。这时双连表的低压指示应在 0.4 ～ 0.5MPa，高压表的指示应为 1.5 ～ 1.8MPa。（具体数值不同机型有差异，本条中的数据均是针对采用 R22 的机型。）

（7）如果送风机为皮带传动，开机调试前应仔细检查风机皮带的松紧度，手按下以 10 ～ 15mm 的变形为宜。检查电机及皮带轮的固定螺丝是否紧定在键槽平面上，所有固定螺丝复紧一遍。

（8）在自动状态下，以室内工况为参照点调高温度设定值，使电加热器分级自动投入工作。

（9）调低温度设定值，使压缩机分级自动投入工作。调整湿度设定值，使加湿器自动投入工作。

（10）如必要，进行室外机调速器的设定，设定调整参照室外冷凝器相关资料。

（11）室外冷凝风扇压力开关的功能检查：对于室外冷凝风扇没有采用调速电机的情形，一般利用压力控制器来控制风扇电机的运行或停止。该压力控制通常设定在 1.7MPa 起转、1.3MPa 停转，如此往复循环，使冷凝压力控制在大约 1.4MPa 范围之内。（机型不同具体数据有差异，本条中的数据是针对采用 R22 的机型。）

4.11 风冷直膨式机房精密空调的管理维护及保养

4.11.1 管理及其准则

数据中心机房精密空调系统虽然不能直接创造和产生经济效益，但它却在为数据中心中的各种设备默默地充当着"守护神"的角色。由于空调设备的专业性和特殊性，对其维修应尽可能采用专业维修和操作人员维护相结合的方式，明确维护与修理并重，并以维护为基础，预防为主的原则，大力加强日常维护与三级保养工作，经常使设备处于良好的状态，以确保设备使用寿命。

4.11.2 管理工作的基本内容

良好的管理是空调长期可靠运行的必要前提，也是保证空调设备有一个正常的使用寿命周期、降低空调设备总拥有成本的重要手段，其基本内容如下：

（1）建立健全各项必要而简明的规章制度，并认真组织落实，如岗位责任制、设备使用操作制度、交接班制度等。这些制度是保证设备正常运行的必要手段，如果缺乏这些制度，就会造成管理混乱，形成无人过问，任其自然的现象，导致设备使用寿命大大缩短。

（2）建立设备预修计划制度，编制修理计划、修理卡片、设备修理工艺及内容，组织易损备件的供应等，都应纳入管理范畴。

（3）加强测试手段，在空调设备运行一段时间后，技术性能及各项技术指标要发生变化，因而定期对设备进行性能实测是很有必要的。因此，必须备有对空调装置进行测试的必要仪器和检测手段，通过实测及运行时间的测算，确定维修时间及维修内容。

（4）开展技术培训及技术革新，引进先进技术，这是管理工作不可缺少的重要内容。设备的操作维修水平与操作者技术水平是密切相关的。因而培训操作人员，提高他们的技术理论水平，这对设备的管理、维护、保养都是很有益的。

（5）由于集中管理和修、用结合，使操作维修人员能保持相对的稳定，这有助于培养操作维护人员的事业心和责任心，克服临时观念，提高业务技术水平。采用分片包干，责任到人，不失为一种好的管理方法。

4.11.3 日常维护保养的内容及实施周期

如果风冷直膨式机房精密空调的随机资料中含有有关日常维护保养的相关内容，须遵照执行。表 4.7 列出了风冷直膨式机房精密空调日常维护保养的内容和实施周期数据，供参考。

表 4.7　机房精密空调日常维护保养明细表

维修项目	维修内容	周期
电气控制部分	检查微电脑控制部分各项插件，进入自检程序	半年
	校正温度、湿度传感器	年
	检测高、低压力保护器动作的准确性	半年
	检查电加热器可靠性及运行电流	半年
	检测所有电机的静态电阻、负载电流	半年
	检测所有继电器、空气开关和电气元件的接点并紧固	季
	检查设备保护接地点	年
	检查设备绝缘情况	年
	校对仪器、仪表、时钟	年
空气处理部分	检查风机转动情况，皮带、轴承的运行状态	季
	清洁或更换空气过滤器	月
	检查并处理修补跑、冒、漏	月
	检查进水、排水阀门及下水管道是否畅通	月
	检查、清洁蒸发器翅片	年
压缩机部分	检查吸、排气压力及有无过冷、过热现象	季
	检查视液镜液体流动情况	月
	检查冷媒管固定情况	年
	检查压缩机吸排气阀口有否渗漏	季

续表

维修项目	维修内容	周期
室外机部分	清洁设备表面灰尘、污垢	月
	检查清洁冷凝器翅片	季
	检查风扇电机支座及叶片	季
	检查风扇电机轴承，如有必要定期加油	季
	检查风扇调速情况	季
加湿器部分	清除水垢	半月
	检查加湿器电极，远红外线石英灯管	月
	检查进水、排水电磁阀工作情况	月
	检查给、排水路	月
	检查加湿负荷电流和加湿控制运行情况	季

4.12   风冷直膨式机房精密空调一般故障的判断及排除

下面以风冷直膨式精密空调为例，介绍一下机房精密空调一般故障的判断及排除方法。不同品牌、不同型号的机组会有一定差异，书中不可能涵盖所有情况，只是给读者提供一种解决问题的思路。

4.12.1   控制系统故障原因及排除方法

控制系统是机房精密空调正常工作的可靠保证，它控制精度高，反应速度快，但在操作不当或环境恶劣的情况下，有可能出现误动作。当控制系统出现不正常的情况时，可采取以下步骤检查：

（1）检查电源电压是否在规定范围之内，波动是否频繁，是否常受冲击。

（2）检查是否有三相不平衡或断相情况。

（3）检查提供控制系统电源的 12V 或 24V 变压器输出电压是否正常，保险丝是否完好。

（4）检查各部分空气开关是否在规定位置。

（5）检查控制系统各部分插件及各连接头是否有松动现象。

（6）采用自检步骤检查能否通过各项自检程序。

（7）屏显不亮，检查变压器输出、集成块及屏本身。

（8）控制板无输出，检查输出元器件。

（9）误报警，检查输入元器件或集成块。

（10）温湿度失控，人为修正无效果时，须检查传感器或主控板。

（11）联机时死机或经常"联网重组"时，应检查接线可靠性或集成块。

（12）检查跳线设置是否正确。

（13）检查主控板及 I/O 板表面状况。

（14）如主控板程序出现紊乱，可尝试进行初始化操作。

4.12.2　风道故障报警的原因及排除方法

风道系统包括风机，空气过滤网和微压差控制器。当过滤网脏时，微压差控制器会产生报警，提示过滤网需要更换了。

当风道故障报警出现一段时间后，风机将会自动停止转动。风道故障报警引起的原因可能是：

（1）风机电动机发生故障使风机停转。

（2）风机皮带长期磨损后断裂，风机电动机实际上在空转。

（3）风道压差计探测管内存在阻塞现象。

（4）过滤网太脏，使风道系统阻力过大。

（5）风机过流保护断开引起交流接触器释放。

（6）主板上为控制系统供电的变压器（常见的输出为 24V）出现问题或输出端接线不牢固松动。

（7）风道压差计调整不当。

（8）电动机侧皮带轮松脱故障。

接着介绍一下风道故障排除方法：

（1）测试风机电动机的三相绕组电阻值，应相同，接地电阻应在 5MΩ 以上。

（2）若风机为皮带传动，更换皮带，检查皮带张力，皮带松紧应适度，以大拇指按下 10mm 左右为宜。

（3）清除压差计探测管内异物。

（4）更换空气过滤网。

（5）将风机过滤保护器手动复位，并测量风机电流。（复位应到位。）

（6）检查 24V 变压器输入输出电压，紧固各有关接线连接点。

（7）重新调整压差计。

（8）调整、修理或更换皮带轮。

4.12.3　制冷系统故障原因及排除方法

制冷系统的故障表现形式多样，往往比较复杂，对排除故障的工作人员要求相对更高。下面列举一些常见故障现象的原因及排除方法，意在为读者提供解决问题的思路。

1. 高压报警的原因分析

在制冷系统中，若高压控制器调定在 2.4MPa（制冷剂为 R22 时），则机器运行中，当高压值到达此限时，高压报警就产生了。此时压缩机会停止运行，要想使压缩机再次启动，必须手动复位；但是按下复位按键前，必须将造成高压报警的原因找出并解决，否则高压报警很可能再次发生。

引起高压报警的原因有：

（1）高压设定值不正确。

（2）夏季天很热时，由于氟利昂制冷剂过多，引起高压超限。

（3）由于长时期运转，环境中的尘埃及油灰沉积在冷凝器表面，降低了散热效果。

（4）冷凝器轴流风扇发动机故障。

（5）电源电压偏低，致使 24V 变压器输出电压不足；冷凝器内 24V 交流接触器不能工作。

（6）系统中可能有残留空气或其他不凝性气体。

（7）风机轴承故障、异响或卡死。

2. 高压报警故障排除

可采取如下几种方法来排除高压报警故障：

（1）重新调定高压设定值在 2.4MPa（R22），并检查实际启停值。

（2）从系统中排放出多余氟利昂制冷剂，控制高压压力在 1.6 ～ 1.9MPa（R22）之间。

（3）清洗冷凝器的表面灰尘及脏物，但应注意不要损伤铜管及翅片。

（4）检查轴流风机电动机绕组的电阻值及接地电阻，如线圈烧毁应更换。

（5）解决电源电压问题，必要时配设电网稳压器。

（6）系统内混入空气量较少时，可从系统高处排放部分气体，必要时则须重新进行系统的抽真空、充氟工作。

（7）更换室外风机。

3. 低压报警的原因分析

在制冷系统中，低压报警控制值调定在 0.3MPa、差动值 0.17MPa（R22），也就是说低压停机值在 0.3MPa-0.17MPa =0.13Mpa。重新启动值在 0.3MPa。低压控制器是自动复位（不同机型可能存在差异）。若出现故障不及时处理时，压缩机将频繁启停，这对压缩机的寿命是极为不利的。

引起低压报警的原因有如下几个：

（1）低压设定值不正确。

（2）氟利昂制冷剂灌注量太少。

（3）系统中的制冷剂有泄漏。

（4）系统中处理不净，有杂物或水分在某处引起堵塞或节流。

（5）热力膨胀阀失灵或开启度小，引起供液不足。

（6）风道系统发生故障，或风量不足，引起蒸发器冷量不能充分蒸发。

（7）低压保护器失灵造成控制精度不够。

（8）低压延时继电器调定不正确，或低压启动延时太短。

4. 低压报警故障排除

可采取如下几种方法来排除低压报警故障：

（1）向系统补充氟利昂制冷剂，使压力控制在 0.4 ～ 0.5MPa（R22）。

（2）对系统重新检漏抽空及灌注氟利昂制冷剂。

（3）对阻塞处进行清理，如干燥过滤器堵塞，应更换。

（4）加大热力膨胀阀的开启度（必须专业人员操作）或更换膨胀阀。

（5）修理、更换低压压力控制器。

（6）重新调定低压延时时间。

（7）维修、更换压缩机热保护装置。

5. 压缩机超载的原因分析

压缩机电流太大时将引起超载，这时压缩机过流保护器将动作，切断交流接触器控制电源。压缩机超载将引发报警，以告知操作人员采取措施。

引起压缩机超载的原因有：

（1）热负荷过大，高低压力超标，引起压缩机电流值上升。

（2）系统内氟利昂制冷剂过量，使压缩机超负荷运行。

（3）压缩机内部故障，如抱轴、轴承过松而引起转子与定子内径擦碰，或压缩机电机线圈绝缘有问题。

（4）电源电压偏高，导致电动机过热。

（5）压缩机接线松动，引起局部电流过大。

6. 压缩机超载故障排除

可采取如下几种方法来排除：

（1）检查空调房间的保温及密封情况，是否有不良状况加重了空调负担。

（2）放出系统内多余氟利昂制冷剂。

（3）更换同类型制冷压缩机。

（4）排除电源电压不稳因素。

（5）重新压紧压缩机电源线接线头，使接触良好、牢固。

（6）检查空调容量是否与室内负荷匹配，必要时添置空调设备。

4.12.4　加热故障报警的原因及排除方法

1. 加热器故障报警的原因

机房专用空调加热器通常采用电热管结构，并配有热保护装置。当温度过高或电流过大时，会引发报警出现。加热器出现故障可按以下方法检查：

（1）控制系统电源板上对应的中间继电器有无电压输出。

（2）电加热器的交流接触器电流是否正常。

（3）风量不足时，加热管发出的热量不能及时被带走。

（4）加热器保护出现故障。

（5）停机时未采用制热运行时送风机延时停止策略。

（6）加热时电热管烧断。

2. 加热器故障报警排除方法

加热器故障报警排除方法如下：

（1）检查电加热器输出输入各接线头是否压紧，中间继电器如失灵则需更换。

（2）检查电加热管接头接触是否良好，静态阻值是否一致。

（3）排除风道故障，保证风量在正常范围。

（4）更换加热器热保护装置。

（5）测量电加热器阻值。

4.12.5　加湿故障报警的原因及排除方法

机房精密空调的加湿系统包括进水系统、红外线石英灯管、不锈钢反光板、不锈钢接水盘及热保护装置。当水位过高或过低以及红外线灯管过热时，加湿保护装置即起作用，同时出现声光报警。

1. 加湿器故障报警的原因

加湿器故障报警的原因如下：

（1）外接供水管水压不足，进水量不够，加湿水盘中水位过低。

（2）加湿供水电磁阀动作不灵，电磁阀堵塞或进水不畅。

（3）排水管堵塞引起水位过高。

（4）水位控制器失灵，引起水位不正常。

（5）排水电磁阀故障，水不能顺利排出。

（6）加湿控制线路接头有松动，接触不良。

（7）加湿热保护装置失灵，不能在规定范围内工作。

（8）外接水源总阀未开，无水供给加湿水盘或加湿罐。

（9）在电极式加湿器使用中，可能由于水中离子浓度不够引发误报警。

（10）加湿罐中污垢较多，电流值超标。

2. 加湿故障报警排除方法

对应不同的故障报警原因，可采取如下相应方法来消除故障报警：

（1）增加进水管水压。

（2）清洗水路电磁阀及进水管路。

（3）清洗排水管，使之畅通。

（4）检查水位控制器的工作情况，必要时更换水位控制器。

（5）清洗加湿水盘中污物，排除积水。

（6）检查水位控制器各接插部分是否松动，紧固各脚接头。

（7）观察热保护情况，必要时更换。

（8）将外接水阀阀门打开。

（9）通过加湿旁通孔的风量太大，引起水位波动，可将旁通孔关闭部分，或用防风罩挡住，使水位控制在一个正常范围。

（10）在加湿罐中放些盐，以增加水的离子浓度。

（11）经常清洗加湿罐，以免污垢沉积，直至更换。

4.12.6　故障快速判断速查表

以下以表格的形式对本节内容进行了总结，同时也方便读者查阅，见表4.8。

表 4.8　制冷系统故障快速判断表（数据以制冷剂 R22 为例）　　单位：MPa

观察部位	正常工况	制冷不足	过滤器堵塞	漏氟	冷凝条件不好	蒸发器外部受阻	氟过量	系统内有空气
低压（环境温度30℃）	0.3～0.6	低于正常压力	低于正常压力	基本无压力	高于正常压力	低于正常压力	高于正常压力	高于正常压力
高压（环境温度30℃）	1.7～2.0	低于正常压力	正常或略低于正常压力	基本无压力	高于正常压力	正常	高于正常压力	高于正常压力
停机时平衡压力	环境温度下的饱和压力	低于环境温度饱和压力	环境温度下的饱和压力	基本无压力	环境温度下的饱和压力	环境温度下的饱和压力	环境温度下的饱和压力	环境温度下的饱和压力
压缩机声音	正常	较轻	略轻	轻	响	轻	响	响

观察部位	正常工况	制冷不足	过滤器堵塞	漏氟	冷凝条件不好	蒸发器外部受阻	氟过量	系统内有空气
吸气管温度	凉，结露	结露少或不结	温	温	温	凉，结露过多	凉，结露过多	凉，温，结露少
排气管温度	烫	热，温	温，低于正常温度	温	烫，超正常温度	热，略低于正常温度	热，烫，高于正常温度	热，烫，超过正常温度
冷凝器	环境温度加15℃	温	温，低于正常温度	温	烫，超正常温度	热，略低于正常温度	热，烫，高于正常温度	热，高于环境温度加15℃
蒸发器	冷环境温度减15℃	局部结霜甚至有冰层	结霜	温	凉，不结露	凉，结露多至结冰	凉，结露过多	冷，但结露少
膨胀阀	1/4 热	3/4 结霜	3/4 结霜	凉	1/4 热	1/4 温	常温	温
工作电流	正常	低于正常	正常或略低	低于正常	高于正常值	略低于正常值	高于正常值	高于正常值

4.13   风冷直膨式机房精密空调的局限性

风冷直膨式机房精密空调具有安装灵活、组成结构相对简单、运行管理也相对简单，甚至号称有"免维护"的特点。（免维护应理解为使用空调的用户免维护，对空调的日常定期巡检、定期保养仍须由相关厂商或机构执行，否则空调长期运行可靠性无法保障。）

传统的风冷直膨式系统能效比（EER）较低，EER 值等于制冷量除以输入功率，在北京地区 EER 约为 2.5～3.0，这样造成空调设备耗电惊人，在数据中心整体耗电中占比很高。而且，随着装机需求的扩大，原来建好的数据中心建筑中预留的风冷冷凝器安装位置严重不足；另外，存在噪声扰民的问题，制约了数据中心的扩容。

此时，在大型办公、商业建筑中广泛使用的冷冻水型中央空调系统开始逐渐应用到数据中心中，冷水机组的 EER 可以达到 3.0～6.0，大型离心式冷水机组甚至更高。采用冷冻水系统可以大幅降低数据中心运行能耗。

在使用冷冻水系统的数据中心，应用最多的空调末端装置是通冷冻水型精密空调，其单台制冷量可以达到 150kW 以上。送风方式与之前的风冷直膨式系统变化不大，仅仅是末端内的冷却媒质发生变化，空调设备仍然距离 IT 热源较远，需要依靠风扇系统输送冷量。

第 5 章　数据中心暖通系统的冷负荷计算

与常规暖通空调系统设计不同的是，数据中心具有建筑围护结构密封、全年不间断运行、内部发热量大等特点，因此数据中心通常无须采用供暖措施，但必须综合考虑其暖通系统的不间断运行、高可靠性、绿色节能等要求。

数据中心暖通系统冷负荷计算的前提是核算机房的空气调节负荷。根据国家标准《数据中心设计规范》（GB 50174—2017），数据中心空调系统的冷负荷包括 7 类，分别是：数据中心内设备的散热、建筑围护结构传导热、通过外窗进入的太阳辐射热、人体散热、照明装置散热、新风负荷、伴随各种散湿过程产生的潜热。

5.1　数据中心各类冷负荷的计算方法

5.1.1　设备散热冷负荷的计算

机房内设备散热形成的冷负荷构成了总冷负荷的主要部分。机房内设备主要包括服务器、路由器和网络设备等电子设备和供配电设备，均属于稳定散热源。大多数设备生产厂商均能提供设备的电功率及散热量，设备电功率基本全部转换为散热量，一般在 97% 以上。已知设备电功率的情况下，设备散热冷负荷的计算公式为

$$Q_1 = k_1 k_2 P$$

式中：Q_1——电子设备散热冷负荷，kW；k_1——负载系数，一般取值为 0.7 ~ 1.0；k_2——同时使用系数，一般取值为 0.8 ~ 1.0；P——电子设备电功率，kW。

每台服务器在出厂时均有一个标称额定功率，它标明了该服务器的最大使用功率。但这并不代表实际使用功率，例如曾有标称功率为 700W 的服务器，实测正常运行时的功耗才为 300W。为了掌握服务器实际使用功率，往往需要利用厂商提供的功率计算器计算设备在当前配置时的功率需求。例如有服务器厂家提供在线功率计算，在输入了服务器所配置的处理器的频率、处理器数量、内存卡容量规模与数量、PCI 卡数量、硬盘容量规模与数量之后，能够自动计算出该服务器有关功耗与发热量的参考值。

如果不知道设备的电功率，可以通过机房分期规划的设备功耗来估算设备的散热冷负荷。

UPS 设备本身也有发热量，一般大容量的 UPS 布置在一个独立的房间，它对室内环境的温湿度及洁净度也有一定的要求。UPS 设备一般有风扇等散热装置，它的发热与其实际功率和功率因数有关，可参照厂商提供的数据；如没有给定数值时，可按下式计算

$$Q_u = P\,(1-\eta)$$

式中：Q_u——散热量，kW；

P——实耗功率（与安装功率不同），kW；

η——效率，一般取值为 0.85 ～ 0.95。

5.1.2　建筑围护结构传导热冷负荷的计算

围护结构传导热形成的冷负荷主要包括两方面：外围护结构（外墙、屋顶和架空楼板）的传导热冷负荷和内维护结构（内墙、内窗和楼板）的传导热冷负荷。建筑围护结构传导热冷负荷可按下式计算

$$Q_2 = KF\,(t_1 - t_2)$$

式中：Q_2——建筑围护结构传导热冷负荷，kW；

K——围护结构导热系数；

F——围护结构面积，m^2；

t_1——机房内温度，℃；

t_2——机房外的计算温度，℃。

在估算时，$t_1 - t_2$ 可按 10℃计算。

5.1.3　通过外窗进入的太阳辐射热冷负荷

通过外窗进入室内的太阳辐射热量有温差传导热和日照辐射两部分。由温差传导热得热形成的冷负荷由室内外温差引起。日照辐射得热形成的冷负荷，是因太阳辐射到窗户上时，除了一部分辐射能量反射回大气之外，还有一部分能量透过玻璃以短波辐射的形式直接进入室内，另一部分被玻璃吸收，提高了玻璃温度，然后再以对流和长波辐射的方式向室内外散热。

根据《数据中心设计规范》（GB 50174—2017）要求，主机房不宜设置外窗，如果设置了，要做好气密、遮阳、隔热。

5.1.4　人体散热冷负荷的计算

人的正常体温为 36℃左右，在机房里人也是发热体。人体散热冷负荷按下式计算

$$Q_3=PN$$

式中：Q_3——人体散热冷负荷，kW；

P——人体发热量，轻体力工作人员热负荷为显热与潜热之和，在室温为21～24℃时大约为0.114kW；

N——机房常在人员数量。

若机房内人员较少或无人值守，常将此项忽略。

5.1.5 照明装置散热冷负荷的计算

数据中心机房内照明装置散热冷负荷可按下式计算

$$Q_4=P\eta_1\eta_2$$

式中：Q_4——照明装置散热冷负荷，kW；

P——照明装置标定输出功率；

η_1——同时使用系数，一般取0.5～0.9；

η_2——蓄热系数，明装时为0.9，暗装时为0.85。

5.1.6 新风冷负荷的计算

新风冷负荷的计算较为复杂，并且一般新风量在空调系统比例较小。根据《数据中心设计规范》（GB 50174—2017），数据中心内空调系统的新风量应取维持室内正压所需风量和保证工作人员工作环境（每人40m³/h）所需风量两者中的最大值。

空调新风冷负荷按下式计算

$$Q_5=M（h_0-h_R）$$

式中：Q_5——新风冷负荷，kW；

M——新风量，kg/s；

h_0——室外空气的焓值，kJ/kg；

h_R——室内空气的焓值，kJ/kg。

对于某一数据中心空调系统，如果其新风冷负荷量很小，设计中常以空调本身的设备余量来平衡，如此则可不必另外计算。

5.1.7 其他冷负荷的计算

除上述冷负荷外，在工作中使用的示波器、电烙铁、吸尘器等也将成为冷负荷，但由于这些设备功耗小，只粗略根据其输入功率计算即可。

$$Q_6=P$$

5.1.8 机房总冷负荷的确定

由前述分析可知，数据中心机房总冷负荷 Q 的计算公式如下。

$$Q = Q_1 + Q_2 + Q_3 + Q_4 + Q_5 + Q_6$$

以上各部分冷负荷中，第 2～6 项形成的冷负荷占比较小，一般为 5%～20%，对于部分设备发热量小的机房可能占到 30%。大部分冷负荷为机房内设备发热造成的显热冷负荷。第 2～6 项冷负荷的具体算法可以参考空气调节相关的规范和设计手册，或者计算软件也有比较成熟的计算方法。

5.2 数据中心冷负荷工程计算方法

上一节数据中心冷负荷 Q 的计算过程比较复杂。考虑到数据中心的特点在于机房内 IT 类设备的发热是主要的负荷来源，同时结合工程实际估算建筑维护结构的冷负荷是比较准确且便捷的方法，因此，可以根据服务器等 IT 设备的数量及用电情况，数据中心的位置、面积等信息，来确定精密空调的容量及配置。工程设计中常采用功率面积法或面积法来估算机房空调的负荷容量。

5.2.1 功率面积法

根据大量的工程实践经验，除主要设备冷负荷之外，其他负荷，如机房照明负荷、建筑围护结构负荷、补充的新风负荷、人员的散热负荷等，可根据计算机房的面积进行估算。

$$Q_t = Q_1 + Q_2$$

式中：Q_t——总冷负荷 kW；

Q_1——室内设备散热冷负荷，kW；

Q_2——环境冷负荷，kW；

其中，设备散热冷负荷按下式计算

$$Q_1 = PK_1$$

式中：P——设备功率，kW；

K_1——同时利用系数，一般取值 0.8～1.0。

环境冷负荷按下式计算

$$Q_2 = SK_2$$

式中：S——数据中心机房面积，m^2；

K_2——估算系数，可根据当地气候条件、机房位置、朝向等因素考虑，取值

$0.1 \sim 0.2 kW/m^2$。

例如，某机房面积为 $300m^2$，机房内设备预计满负荷耗电量为 100kW，须配置多大制冷量空调机组？

计算：Q_1 为设备散热冷负荷，机房内设备的耗电量最终均转化为热量，考虑到设备同时利用率、满负荷利用率等情况，系数一般取 $0.8 \sim 0.9$。本计算中选取 0.8，发热量密集的数据中心建议选择 0.9。计算机房面积估算系数选择 $0.15kW/m^2$。

$$Q_1=PK_1=100kW\times0.8=80kW$$

$$Q_2=SK_2=300m^2\times0.15kW/m^2=45kW$$

总冷负荷为：

$$Q_t=Q_1+Q_2=80kW+45kW=125kW$$

5.2.2　面积法

服务器等计算机设备的散热冷负荷计算是决定数据中心机房空调系统冷负荷的关键，但往往在设计阶段甚至在实施阶段，一直很难确定服务器等 IT 设备精确发热量，而且设备发热量与设备类型、型号、机房布置都有很大关系。因而只能根据机房的功能和面积粗略估算空调系统总冷负荷。

$$Q_t=SP$$

式中：Q_t——总冷负荷，kW；

S——机房面积，m^2；

P——冷量估算指标，根据不同用途机房的估算指标选取。

以下是精密空调场所的冷负荷估算指标：

（1）电信交换机房、移动基站：$300W/m^2$ 左右。

（2）数据中心：$600 \sim 1000W/m^2$ 左右。

（3）计算机房、计费中心、控制中心、培训中心：$300W/m^2$ 左右。

（4）电子产品及仪表车间、精密加工车间：$300 W/m^2$ 左右。

（5）标准检测室、校准中心：$250 W/m^2$ 左右。

（6）UPS 和电池室、动力机房：$300W/m^2$ 左右。

需要说明的是，数据中心设备布置密度大，设备发热密度高，机房发热量常按 $600 \sim 1000W/m^2$ 估算。如果是高密度计算的数据中心，部分场地的发热量已达到甚至超过 $2000W/m^2$。

第 6 章　数据中心暖通系统的常用方案

数据中心机房空调制冷形式很多，大致可分为风冷型空调、冷冻水型空调、水冷或乙二醇冷却型空调、双冷源型空调等。各种形式的机房空调各有应用特点，适用不同的应用场合。

6.1　风冷型机房空调系统

风冷型机房空调使用空气作为传热媒介，是最常见的数据中心机房空调方案，采用直膨制冷方式。

风冷型机房空调系统由室外冷凝器、室内蒸发器（蒸发盘管）、压缩机、膨胀阀和相应管道等器件构成。室外冷凝器将室外空气冷却制冷剂转变为常温高压液体；制冷剂经过膨胀阀后，变为低温低压气液混合物，然后进入蒸发器；在蒸发器内，制冷剂与室内空气进行热交换，带走室内空气热量，制冷剂则变为高温低压气体再进入压缩机；压缩机将制冷剂压缩成高温高压气体，送入冷凝器冷却。整个制冷循环在一个封闭系统内，将室内的热负荷转移到室外空气中，如图 6.1 所示。

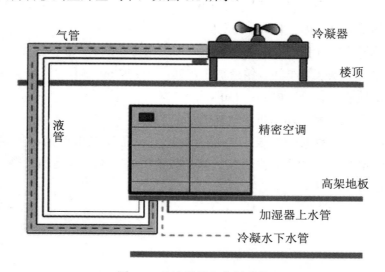

图 6.1　风冷型机房空调系统

风冷型空调可实现每台空调独立循环、控制，属于分散式空调系统；机房无须引入冷冻水或冷却水，并且易实现模块化配置，冗余运行，可靠性高，安装、维护简单，成为数据中心广泛采用的空调方案。

但风冷型空调室内机和室外机会受到管道长度（一般管道长度不超过60m）限制，且由于每套机房空调需配置独立的室外机与管道连接，所以当用于大型数据中心场合时占地面积大、工程量大。

6.2　冷冻水型机房空调系统

越来越多的大型数据中心采用冷冻机组（Chiller）+机房空调单元方式制冷，这种方式称为冷冻水型机房空调。

将冷冻水直接引入，通过冷冻水盘管将机房热负荷传递到冷冻水系统内，如图6.2所示。为提高空调机组的安全性和可靠性，往往在空调机组内安装两套独立的冷冻水盘管和控制阀门，并连接两套独立的冷冻水系统。

冷冻水型机房空调系统简单，制冷量大并节能。但要求冷源做到全年365d×24h连续运行，特别是采用大楼冷冻水系统时需要考虑匹配性设计。

冷冻水型空调室内机简单，价格低，管道可集中布置，此种方式用于大型数据中心时工程量少。最重要的是，采用冷源集中方式的制冷，可以运用高效率的螺杆式制冷机组、离心式制冷机组，效率比往复式压缩机、涡旋式压缩机更高，能效比最高可达6.0，运行费用低。在北方地区便于实施自然冷却（Free Cooling）方式，大幅降低运行电费。

但在数据中心中引入水循环系统，则需要采取相应的漏水检测和防护措施，日常维护工作复杂。

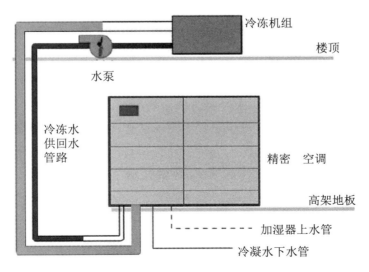

图6.2　冷冻水型机房空调系统

6.3 水冷型机房空调系统

水冷型机房空调的内部结构与风冷型机房空调类似，不同的是增加了水冷式冷凝器，实现了制冷剂与冷却水的热交换，冷却水将热量再带至冷却水塔或干冷器冷却，如图 6.3、图 6.4 所示。

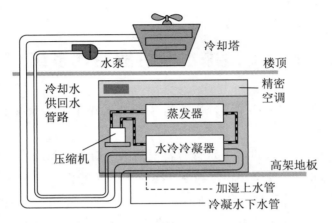

图 6.3　采用冷却塔冷却的水冷型机房空调系统

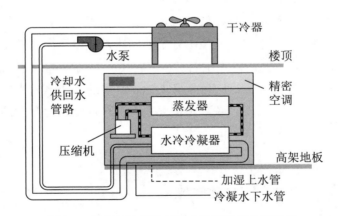

图 6.4　采用干冷器冷却的水冷型机房空调系统

水冷型空调使用冷却水管 + 水泵的方式，管道距离大大加长；可集中采用冷却水塔或干冷器，就不必为每台空调机组配置室外冷凝器。在某些空间受限制的场合，水冷型空调可以很好地解决相关矛盾。

水冷型空调自带压缩机组，这是与冷冻水型机房空调的最大区别。

6.4　乙二醇冷却型机房空调系统

在水冷型空调的冷却水中加入适量的乙二醇溶液，即为乙二醇冷却型空调。这种机房空调降低了冷却液的凝固点，适合冬季寒冷的北方和高原地区，保证数据中心在寒冷季节也能连续运行。

在乙二醇冷却型空调中的蒸发器位置，加入自然冷却盘管。在较低的室外环境温度下，控制阀门，由自然冷却盘管吸收室内的全部热量，如图6.5所示，即为乙二醇自然冷却型空调。在冬季寒冷期间，环境温度降至机房所需温度以下时，由自然冷却盘管提供制冷，减少压缩机的运行时间和功耗，可显著降低运行成本。

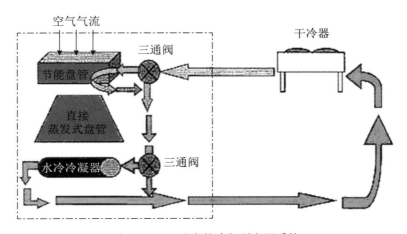

图6.5　乙二醇自然冷却型空调系统

水冷型和乙二醇冷却型空调的冷凝器和蒸发器都在室内机中，各个机组可共享冷却水管道和冷却水塔或干冷器，易于实现压缩机、干冷器等关键器件的冗余配置，在大型数据中心场合使用工程量较小。

但在数据中心中引入水循环系统，需要采取相应的漏水检测和防护措施；日常维护比风冷型空调复杂，但比冷冻水型空调简单。

6.5　双冷源型机房空调系统

如图6.6所示是双冷源型空调，它结合了风冷型空调、冷冻水型空调的特点，空调内有两套制冷循环系统，具体如下：

（1）风冷或冷冻水的制冷方式。在大楼冷冻站能够提供冷冻水时，采用冷冻水方式制冷，其他时间采用风冷方式制冷。

（2）水冷或冷冻水的制冷方式。在大楼冷冻站能够提供冷冻水时，采用冷冻水方式制冷，其他时间采用水冷方式制冷。

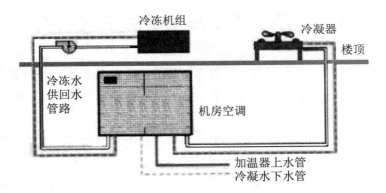

图 6.6　双冷源型空调

这类空调有两套制冷系统，互为备份，可靠性高；充分利用冷冻水系统，运行费用低。但其初期投资较大，并且管道多，占用空间大，安装和维护复杂。

为实现机房内空气的精密调节，上述机房空调系统还包括以下部分：

（1）风机：保证机房内的风量和换气次数，以实现机房内空气参数的精密调节。

（2）再加热器：保证在除湿等工况下，实现机房内温度的恒定。

（3）加湿器：保证在干燥的季节，实现机房内湿度的恒定。（机房的除湿可利用制冷过程实现。）

（4）空气过滤器：保证机房内洁净度满足要求。通常包含初效过滤器和中效过滤器，某些场合还有高效过滤器。

（5）控制器：保证机房空调单机和系统对机房空气环境的精密调节。

6.6　其他形式的空调系统方案

上面几节介绍的不同形式的数据中心空调系统方案，分别是通过冷却方式、传热介质、冷源来源数量的不同来区分的。在区分各种不同数据中心空调方案时，这种可选的比较点是很多的，不同的比较点，就会对应一些不同的专业名称。下面再介绍2种空调方案。

6.6.1　行级空调

行级空调是数据中心领域内比较新型的一种空调解决方案，之前常见的数据中心空调方案基本都是所谓"房间级"的。"房间级"的意思是将整个空调房间作为一个整体，以该空间整体最大制冷需求量来考虑配置空调设备，运用空调设备时侧重将整个房间的温度降下来，以保证处在房间里的各个电子信息设备都处于一个适宜的工作环境中。这种模式忽视了房间空间各部分制冷需求的差异，缺少对制冷效率、制冷成本的更细致考虑。随着数据中心IT机柜发热量的增加、机柜数量的增加、规模的增长，这种方式的弊端越来越明显。

行级制冷，又称列间制冷，所谓"行""列"，是观察角度的问题。采用行级制冷配置时，空调机组与某一行机柜相关联，此空调机组被认为是专用于某机柜行。

实施行级制冷时，一般要对空调出风气流进行一定遏制，使其限定在所针对机柜附近。行级空调有多种具体实施方式，常见的一种是空调与 IT 机柜同列，同时进行冷通道封闭，这样，空调送风气流路径较短，相应送风机功耗更低，并且气流的可预测性较高，能够充分利用空调的全部额定制冷容量，并可以实现更高的功率密度。行级制冷典型样式如图 6.7 所示。

图 6.7 行级空调

行级制冷具有如下特点：

（1）行级制冷对静电地板无要求，甚至不需要静电地板。

（2）空调接近热源，送风路径短，冷风风压大，冷风利用率及制冷效率高。

（3）支持高密度制冷，所以对应机架可配置功率数高的服务器。

6.6.2 顶置对流空调系统

顶置对流空调系统机组主要由框架、冷冻水盘管、进出风温湿度传感器、控制系统、电动压差调节平衡阀、冷冻水管路等组成。顶置对流空调安装位置为服务器机柜进风面上方，无须设置风机，利用空气的物理性质，冷、热空气自然流动，如图 6.8 所示。

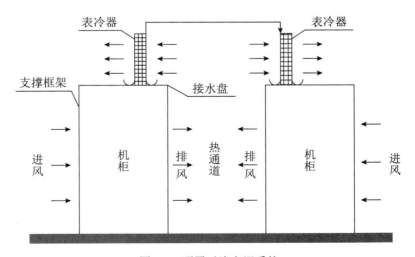

图 6.8 顶置对流空调系统

　　具体运行情况举例说明如下：15℃的低温冷冻水送入表冷器中冷冻水盘管，被热通道上方热空气加热后，成为21℃高温冷冻水；此高温冷冻水经水循环系统送入冷冻站冷水机组冷却后，再次成为15℃冷冻水，送入表冷器冷冻水盘管，完成一个循环。服务器自带的风扇，会使热通道内压力大于冷通道。服务器排出的32℃热风在热通道自然上升，在机柜顶部及表冷器前部集聚，由于冷热通道之间的压力差，此处集聚的空气自然通过表冷器，成为18℃冷风；此冷风被服务器自带风扇吸入服务器内部降温，完成一个空气循环。

第7章 数据中心暖通风系统设计

与大楼中央空调风系统不同，数据中心设备发热量大而集中，为了实现节能与环保，更多地是采用直接送风方式设计。

7.1 送风方式

数据中心中设备密集布置，发热集中，显热量大，因而需要有合理的气流组织，以有效地移除机房内热量，保证满足机房内设备对温湿度、洁净度、送风速度等空气环境的要求。

数据中心空调系统送风方式分为机房送风与机柜近距离送风。

机房送风包括风帽上送风、风管上送风、地板下送风等。最常用的是地板下送风方式。

机柜近距离送风又称为近距离制冷、精确制冷等，包括机柜行间制冷（侧前送风、侧后回风）、封闭机柜内部制冷等。

目前，数据中心常用的机房空调系统气流组织方式有下送风上回风、上送风前回风（或侧回风）等方式。无论何种气流组织方式，都应满足数据中心设备和相关规范的要求。

7.1.1 风帽上送风

风帽上送风方式如图7.1所示，安装较为简便，整体造价较低，对机房的要求也较低，所以在中小型机房中应用较多。

上送风型（风帽送风）

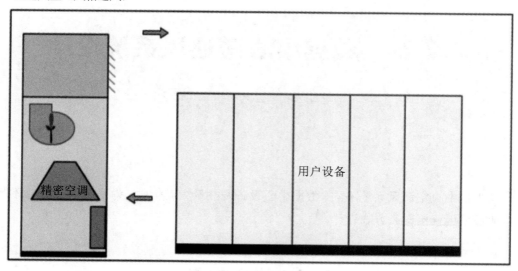

图 7.1　风帽上送风方式

　　风帽上送风机组的有效送风距离较近，有效距离约为 15m，两台对吹也只能达到 30m 左右，而且送、回风容易受到机房各种条件的影响，如走线架、机柜摆放、空调摆放、机房形状等，所以机房内的温度场相对不是很均匀。此种送风方式还要求设计考虑机组回风通畅，距离回风口前 1.5m 以内无遮挡物。

　　风帽上送风方式存在明显的冷热空气短路现象，制冷效率低，仅应用于中小型数据中心机房、热密度较低场合。

7.1.2　风管上送风

　　风管上送风方式如图 7.2 所示，与舒适性空调风管送风方式类似，必须按照国家标准《工业建筑供暖通风与空气调节设计规范》（GB 50019—2015）进行空调风管设计；在安装风管时也必须按照《通风与空调工程施工质量验收规范》（GB 50243—2016）进行安装和验收。可根据工艺的要求在合适地点开设送风风口，使整体空调送风效果好。

　　风管上送风方式工程造价高于风帽上送风方式，安装及维护也较为复杂，对机房的层高也有较高的要求。在风帽上送风方式无法满足送风距离，空调房间又要求各处空调效果均匀的场所，一般推荐采用此种送风方式的机型；风管和风机设计匹配合理时，送风距离可以达到近百米。为了让风管安装后房间仍有较为合适的高度，房间楼层净高一般要求大于 4m。

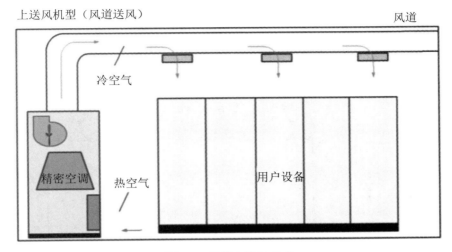

图 7.2　风管上送风方式

风管上送风系统需要结合机房具体情况来设计。送风的风管可分为主风管和支风管，主风管一般从空调机组或静压箱直接引出，支风管引自主风管。机房内的风管系统宜采用低速送风系统，主风管送风风速可取 8m/s 左右，支风管送风风速可取 6.5m/s 左右。风管的宽和高的比尽量不要大于 4。机房内的静压箱一般安装在空调上部，风从下部送入静压箱，静压箱宽度为 2 ～ 3 倍于空调送风口尺寸。静压箱高度一般为 1m 左右。风管送风口的风速一般为 5m/s 左右。以上数据为根据规范选取的常用数据，具体的风管系统设计与此可能有差异。

常见的风管上送风系统有两种方式：一种为每台空调机组接风管向外送风；另一种为多台空调机组送风到静压箱，由静压箱向外引风管送风。第二种送风方式的优势是容易实现备份冗余，空调中有一台因故停机后，剩余空调机组的冷量仍然可以经由静压箱送到机房的每个区域；劣势是需要做较大的静压箱，需较大的空间，费用也较高。

部分较早建设的运营商机房在散热冷负荷较小的情况下，多采用风管上送风方式送风，随着服务器数量与密度的提高，风管上送风方式存在制冷效率低、建成后不易调整、噪声高等缺陷。

7.1.3　地板下送风

地板下送风是目前数据中心空调制冷送风的主要方式，在金融信息中心、企业数据中心、运营商 IDC 等数据中心中广泛使用。

在数据中心机房内铺设静电地板，静电地板的高度为 20 ～ 100cm，甚至高达 2m。将机房专用空调的冷风送到静电地板下方，形成一个很大的静压箱体，静压箱可减少送风系统动压、增加静压、稳定气流、减少气流振动等，使送风效果更理想；再通过带孔地板将冷空气送到服务器机架上；回风可通过机房内地板上空间或专用回风风道（天花板以上空间）回风。

地板下送风方式如图 7.3 所示，优点很多，包括制冷效率较高、方案简单、安静整洁等。

下送风机型

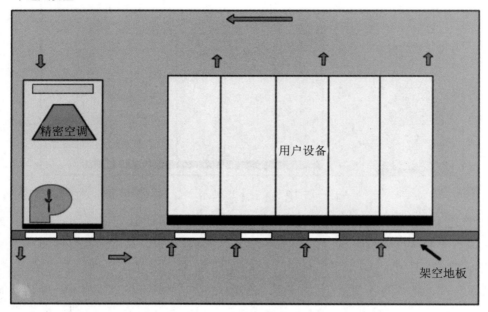

图 7.3　地板下送风方式

需要注意的是，如果地板下方同时作为电缆走线空间，使用中容易出现问题：地板下走线空间缩小、阻碍气流通路，送风不畅导致空调耗能增加。

实践证明，很多机房采用地板下送风、地板下走线方式，由于在应用过程中地板下的电缆不断增加，导致地板下送风不畅，送风气流组织不合理，甚至出现风短路等严重问题，如导致距离空调机较近的区域的温、湿度控制正常，而距离空调机较远的区域温度偏高，无法得到有效控制。在这种情况下，为了保障远端的设备得到合适的温度控制，不得不调低温度设定点。例如将温度设定点调低到 18℃，才能保障距离空调机远端的设备周围的温度达到 24℃以下。显然，这将增加很多能耗。此外，很多机房因业务特点（如无法暂停设备运行进行整改）无法改变走线，只能再增加空调设备，通过增加风量的方式来保障机房温、湿度的控制，而原有空调设备的冷量其实已经足够，这又在很大程度上增加了机房能耗。

避免地板下送风阻塞问题发生，有两个方法：一是保障合理的地板高度，目前很多新建机房已经将地板高度由原来的 300mm 调整到 400mm 乃至 600 ～ 1000mm，辅之以合理的风量、风压配置，以及合理的地板下走线方式，可以保证良好的空调系统效率；二是采用地板下送风＋走线架上走线方式。

地板下送风＋走线架上走线方式兼顾了地板下送风高效制冷与送风、安静整洁，走线架易于电缆扩容与维护两方面的优点，是数据中心制冷中机房送风方式的最佳方式之一。

7.2 数据中心气流组织形式

在数据中心机房内要想取得良好的温度环境，就要了解机房内热量传递的途径。

热量主要靠对流、传导、辐射方式传递，对于机房空气来讲，传导速度太慢（空气是热的不良导体），辐射效果更弱（辐射一般在高温时才有明显的效果，供热时常采用），所以机房内温度的降低主要靠机房内空气的对流，即良好的气流组织。机房内空气的对流主要有强制对流（如空调的送风和回风）和自然对流（由于密度差异产生）。机房内由于发热量大，所以必须靠强制对流才能把热量除去。

7.2.1 数据中心气流组织影响因素

机房强制对流的影响因素主要有送风方式、送风速度、送风障碍、风量等。

从送风方式上看，有风帽上送风、风管上送风和地板下送风 3 种方式。与风帽上送风相比，风管上送风与地板下送风的气流组织优越，更易使机房温度均匀。

风管上送风与地板下送风相比，在实际工程中存在气流短路、建成后不易调整、成本高、噪声大等问题，在数据中心机房制冷中已逐渐被淘汰。

空调送风口风速对于风帽上送风的影响较大。送风口的风速低时，送风距离较近，但送风的阻力和风速的平方成正比，所以一味提高送风风速并不能解决此问题。

送风阻碍即送风的通畅性对气流组织的影响较大，如在没有阻挡的情况下，风帽上送风距离可达 15m 左右，地板下送风可达 25m 左右，但在有走线架、线缆、机柜等阻挡的情况下，送风效果会急剧下降，有时候还会形成死角，只能靠空气的自然对流和热传导来散热。

大风量对机房内温度的均匀度有利，大风量可以对机房内的空气有更多的循环次数，机房内的热量也更容易更快地被带走。但过大的风量会带来噪声增加和耗电量增加。

7.2.2 服务器等设备气流规范

服务器等设备是数据中心的核心设备，其设备散热也是数据中心制冷系统关注的中心目标，服务器的散热形式也就决定了数据中心的制冷方式。早期的服务器、交换机、存储设备等缺乏统一的标准和规范，各个厂家的产品有着各自的散热结构，设备内部气流方向是比较混乱的，有下进后出、前进后出、侧进侧出、前进侧出等多种方式。

随着数据中心应用的设备越来越多，功率密度越来越高，各种 IT 设备逐步采用相关国际标准，规范了气流设计。目前，对于设备进出风形式，已经形成了采用前进后出的共识。例如 Intel 公司在关于服务器电源的相关标准中，对风扇及风道设计做了详细规定，在 Power Supply Design Guideline for 2008 Dual - socket Server and Workstations 版本 1.0 中，定下了 ERP1U 服务器电源的要求，空气前进后出，水平流动。

服务器电源、服务器主板气流方向如图 7.4 所示。

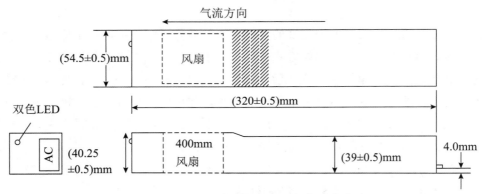

服务器电源机械外形尺寸及气流方向

图 7.4　服务器电源、服务器主板气流方向

　　服务器进风温度由服务器内部电子元器件的工作条件决定，主流厂家和规范要求一般为 18℃～25℃，大部分为 22℃～24℃；进风风量由服务器发热量决定。例如，某型 1U（1U=44.4mm）机架型刀片式服务器，满载运行功率达 400W，需制冷风量 120m³/h；某型刀片式服务器的插框为 7U 高，放满 10 片刀片式服务器后的满载运行功率达 4.7kW，至少需制冷风量 630m³/h，若服务器进风温度高于 25℃，则至少需制冷风量 800m³/h。

7.2.3　数据中心机架/机柜气流组织

　　在数据中心中，服务器通常放置在服务器机架/机柜中，机架/机柜及机房为服务器提供了运行环境。因而对服务器的制冷环境的要求，也就是对机架/机柜及机房的制冷环境的要求。若按通常做法，1 台机柜放置 10 台如上所述的 1U 服务器，则每台机柜需要进出风量 1200m³/h。若 1 台机柜放满如上所述的刀片式服务器，则每台机柜需要进出风量 4410m³/h。

　　服务器主板、服务器电源的散热方向逐步标准化为前进后出方式，为机柜的气流组织提供了标准化方向。在介绍服务器机柜气流组织之前，先介绍服务器机柜的相关规定与背景。

1. 数据中心服务器机柜系统的标准化

根据国家标准《电子设备机柜通用技术条件》（GB/T 15395—1994）、ANSI/EIA-RS310-C 和 TIA/EIA-568 的要求，服务器等主设备标准尺寸为：宽度为 19in、23in；高度以 U 为单位。目前最常用的服务器宽度为 19in，因而应用最多的是 19in 的服务器机柜，内部安装高度一般为 42U/46U，宽度为 19in/23in。

服务器机柜尺寸规格如图 7.5 所示。随着服务器等 IT 设备的更新，尤其是机架式、刀片式服务器的大量应用，机柜系统内供电、散热、布线管理的复杂程度大大提高。单机柜内设备数量、功率密度、发热密度都有巨大提高。为解决高密度机柜的承重、布线管理、供电、散热问题，数据中心对服务器机柜系统有了更高的要求，由此出现了很多行业和企业规范及标准，规范服务器机架 / 机柜的应用，以适应服务器的变化要求。

宽度：19in/23in
深度：600~1200mm
高度：常见2000mm、2200mm、2600mm
（高度以U为单位标注为
42U/46U/50U）

图 7.5　服务器机柜尺寸规格

2. 服务器机柜系统散热管理

服务器等 IT 设备功率密度的持续提高带来了机柜散热问题。除了采用传统的机柜内加风扇外，加大对机柜内服务器等 1T 设备的送风量也是解决方法之一。服务器机柜根据机房内服务器等 IT 设备散热形式，多采用高通孔率的网孔门。由于机柜内服务器等设备散热气流形式基本为从正面吸进冷风，向背面排出热风，服务器机柜也多采用前后网孔门方式，网孔门的通孔率取决于设备的发热量和通风量的要求。

由于采用了高热密度的设备，机柜内发热量大大提高，需要高通风量以利于机柜内设备的散热，因而需要提高机柜前后网孔门的通孔率。美国通信工业协会的标准《数据中心的通信基础设施标准》（TIA-942-2005）要求机柜门开孔率大于 50%；中国移动《数据机房规范》要求机柜门开孔率大于 50%；中国电信 741 文件《中国电信数据中心机房电源、空调环境设计、验收规范》要求机柜门通风面积比例达 70%；而目前业界门板的开孔率最高可达 83%。

中国电信的《数据设备用网络机柜技术规范》（Q/CT 2171—2009）明确规定机柜散热形式应为前进风、后出风。可采用机柜内前部进风和机柜外正面进风的形式，并要求机柜外正面进风时，前门开孔率应不低于60%，孔径应为4.5～8.0mm，开孔区域面积比应不低于0.8；后门开孔率应不低于50%，孔径应为4.5～8.0mm，开孔区域面积比应不低于0.7。

其中，关于机柜网孔门的通风面积、通风率、通孔率等指标，中国电信的《数据设备用网络机柜技术规范》（Q/CT 2171—2009）给出了以下详细的规定：

（1）柜门总面积（S）。在评估机柜门（或类似部件）的开孔通风状况时，该柜门（或类似部件）的正面面积称为柜门总面积。

（2）开孔区域、开孔区域面积（S_q）和开孔区域面积比（R_q）。机柜门（或类似部件）上被均匀、密集开孔的区域称为开孔区域，如图7.6所示。以开孔区域边界的孔的几何中心连线所围成的区域面积为开孔区域面积。开孔区域面积与柜门总面积之比为开孔区域面积比，即

$$R_q = S_q / S$$

式中：R_q——开孔区域面积比；

S_q——开孔区域面积；

S——柜门总面积。

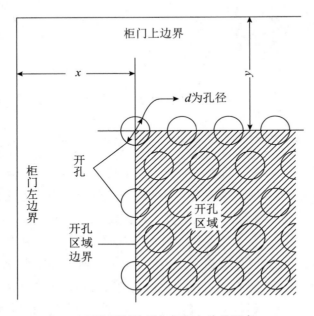

x：开孔区域边界与柜门左边界距离
y：开孔区域边界与柜门上边界距离
图7.6　机柜门板开孔区域示意图

（3）开孔面积（S_q）、孔径（d）和开孔率（R_k）。对于机柜门（或类似部件）上

的某一个孔，其通透部分面积即开孔面积。开孔形状为圆形时，其孔径为孔的直径；开孔形状为其他形状时，其孔径为与孔等面积的圆的直径。机柜门（或类似部件）上所有开孔面积之和与开孔区域面积之比为开孔率，即

$$R_k=\sum S_k/S_q$$

式中：R_k——开孔率；

S_k——开孔面积；

S_q——开孔区域面积。

（4）全通透率（R_t）。机柜门上（或类似部件）所有开孔面积之和与柜门总面积之比，即

$$R_t=\sum S_k/S = R_q \times R_k$$

式中：R_t——全通透率；

S_k——开孔面积；

S——柜门总面积；

R_q——开孔区域面积比；

R_k——开孔率。

为了解决好机柜系统散热问题，实际工作中还须注意机柜内交换机、服务器等IT设备带有的大量数据线缆和功率电缆，需要对这些线缆和电缆分别管理和配置。

混乱的线缆管理将阻碍散热气流，如图7.7所示。

图 7.7　混乱的线缆管理将阻碍散热气流

有效的线缆管理可充分利用机柜内空间，防止杂乱的线缆阻碍进出气流，有利于机柜内进出风通畅，提高送回风效率，如图7.8所示；同时减少相互干扰，提高线缆系统的可靠性和可维护性，方便管理。在机柜内可加装气流隔离、导流附件装置，如盲板（假面板）、导流罩等附件，隔离冷热气流，减少气流阻碍，利于进出气流流动，有利于机柜内发热量大的设备散热。

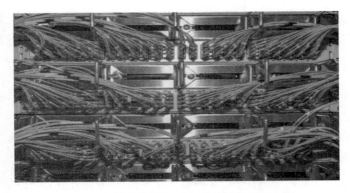

图 7.8　有效的线缆管理有利于散热气流流动

7.2.4　防静电地板高度选择

为满足数据中心机柜的制冷送风要求，数据中心机房空调必须提供足够量的冷空气，确保空气循环次数，以保证机房环境的控制精度。数据中心送风方式有风帽上送风、风管上送风和地板下送风等。其中地板下送风方式将机房空调的冷风送到防静电地板下方，形成一个静压箱，使送风效果更为理想。

因为数据中心机房防静电地板的高度决定了地板下静压箱的风量，所以地板高度应由机柜的送风量决定。机柜的送风量与机柜设备的发热量相关。地板高度与机柜发热密度的关系如图 7.9 所示。机柜发热量越大，需要的送风量越大，则地板高度越高。

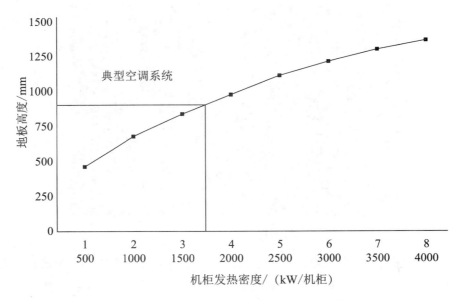

图 7.9　地板高度与机柜发热密度的关系

若 1 台机柜由 2 块 600mm×600mm 防静电地板送风，通常地板的通风率最大为50%，则对于前述放置10台1U服务器的机柜，设备发热量为4kW，需要送风量1200m³/h，则需要地板高度近1000mm。

如果数据中心电缆在地板下走线，地板高度应考虑电缆走线空间；并应注意走线布置，防止地板下走线阻碍送风，降低制冷效率。

地板下空间作为冷风静压箱时，还须做好保温工作。数据中心机房的冬季保温、夏季隔热以及防凝露等技术问题是机房设计的重要考虑因素。尤其在夏季，室外温度较高，空气相对湿度大，机房内外存在较大的温差，若机房的保温处理不当，则会造成机房区域中两个相邻界面产生凝露，甚至使下一层楼顶结冷凝水，影响相邻部分设施的工作；也使得机房空调的负荷加大，加大了空调能耗。

地板下保温层既能保持机房的温度恒定，又不至于使下一层楼顶结冷凝水，同时地板的灰尘又不至于被风吹进机器内。具体保温措施可参见有关机房装饰装修的书籍资料，在此不再详述。

7.3　数据中心设备布置

对于新的数据中心机房空调系统的建设，建议采用机柜面对面、背靠背的摆放方式，以确保机列与机列之间的冷气通道和热气通道分开，从而极大地提高制冷效率。

此外，在条件允许的情况之下也推荐采用地板下送风、热气上回风的气流组织方式，因为这样符合热力学原理。

实践中，越来越多的用户选用走线架上走线，送风则采用地板下送风或侧送风（送风口位于IT机柜间通道一端的墙上）。如果采用侧送风+走线架上走线方式，可以取消架空地板。

早期的数据中心如图7.10所示，以各种不同尺寸的大型机、小型机为主，尺寸五花八门，难以布置。

随着数据中心的不断发展，数据中心里的设备已逐步标准化，统一安装到19in的服务器机柜中。服务器机柜系统为数据中心内服务器、交换机等IT设备硬件提供物理空间、布线管理空间和散热空间。标准机柜数据中心如图7.11所示。

图7.10　早期的数据中心

图7.11　标准机柜数据中心

　　机房精密空调的摆放也十分重要，为确保热空气在回流精密机房空调的过程中路径最短，阻力最小，并且不产生冷、热气流交换，要求精密机房空调放置在热通道的末端，并且垂直于机列廊道，从而形成回风顺廊道流动的情形，如图 7.12 所示。也就是说，制冷系统的建设直接对整个机房服务器机柜布置提出了新的要求。

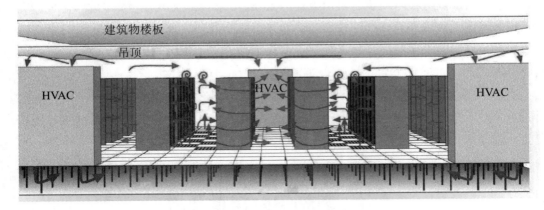

图 7.12　数据中心精密空调布置实例

　　因为过高的热密度（6kW/机架或者以上），使得很多使用机房空调的场地即使在合理采用上述措施后依然不能解决所有的问题，业界因此也发展了很多新的制冷技术，比如水冷系统、辅助制冷系统等，但解决问题的主要思路依然来自对机房制冷需求的了解和研发。

　　图 7.13 所示为传统的统一朝向的机柜布置。机柜中设备排出的热风和机房内冷风混合，热效率低，并且制冷的热密度低。

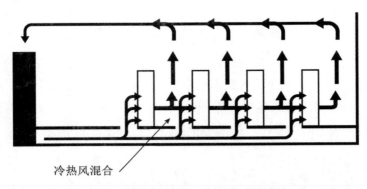

冷热风混合

图 7.13　传统的统一朝向的机柜布置

　　图 7.14 所示为面对面、背靠背的机柜布置。机柜中设备排出的热风和机房内冷风隔离，热效率高，制冷的热密度较低。

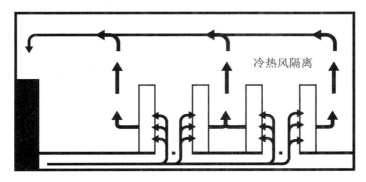

图 7.14　面对面、背靠背的机柜布置

因此，数据中心内机柜的整体布局对提高空气调节系统的效率非常重要。《数据中心设计规范》（GB 50174—2017）、美国采暖、制冷与空调工程师学会（ASHRAE）和《数据中心电信基础设施标准》（ANSI/TIA-942—2005）均推荐：数据中心内机柜中设备为前进风、后出风方式冷却时，机柜采用面对面、背对背布置方式，如图 7.15 所示。在机柜正面区域送冷风，形成冷通道；在机柜背面区域回热风，形成热通道。数据中心内的冷、热通道隔离，以提高制冷效率，增强每台机柜的散热能力。

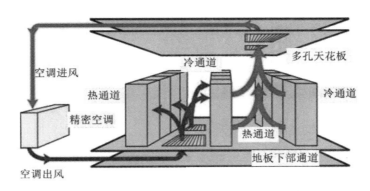

图 7.15　机柜采用面对面、背靠背布置方式

图 7.16～图 7.21 给出了机房设备和空调的常见布置形式。

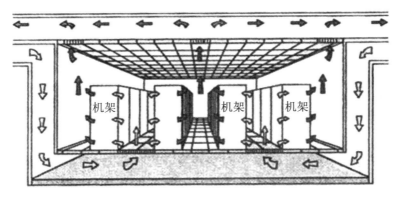

图 7.16　地板下送风、天花板上回风型

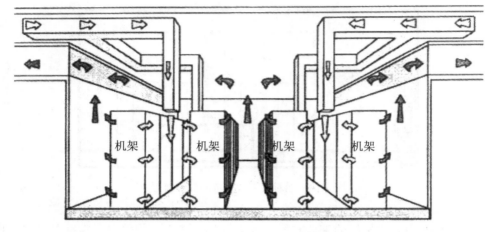

图 7.17 风管上送风、自然回风型

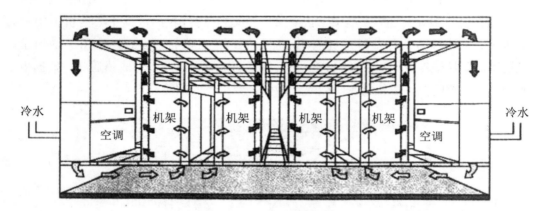

图 7.18 冷风道封闭，地板下送风、自然回风型

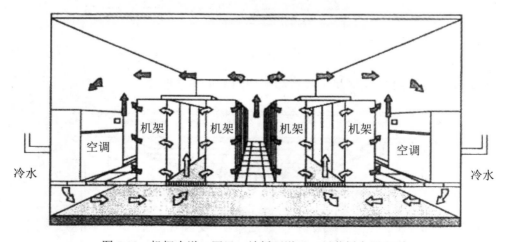

图 7.19 机柜内送、回风，地板下送风，天花板上回风型

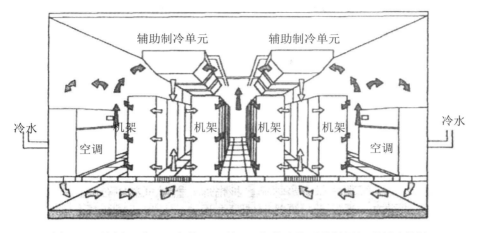

图 7.20 地板下送风、自然回风型，局部热点处天花板吊加强制冷终端

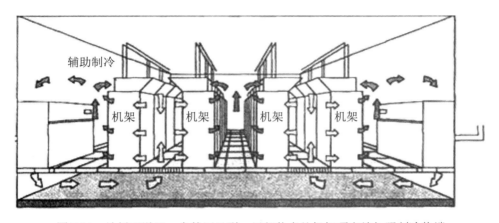

图 7.21 地板下送风、自然回风型，局部热点处机柜顶安放加强制冷终端

7.4 数据中心空调风系统设计核算

机房内要取得良好的温度环境，需要了解机房内风系统中热量传递的轨迹。机房空调通过各种送风方式，送出冷风到机房内的机柜列；机柜中设备吸入机柜正面的冷空气，将设备内产生的热量带出；形成的热空气排到机柜背面，再从回风通道回到机房空调；经空调制冷调节后，被重新送回机房。

在这个过程中，有几个风系统运行的关键参数影响着机房温度等环境参数。这几个关键参数是：送风温度、送回风温差、送风风量、风速（机外余压）。因而机房空调设计应对这些参数进行核算。

送风温度应能满足设备制冷需求，根据前面章节所述的主流 IT 设备厂家的规范要求，一般为 18℃～25℃，大部分为 22℃～24℃。

送回风温差由机房空调的制冷能力决定。根据主流厂家的产品设计，通常机房空调的送回风温差不超过 15℃。

送风风量首先应满足机房内所有设备制冷所需的风量要求，其次还应满足机房换气次数的要求。根据前述相关规范要求，为保证机房环境的精密控制，机房换气次数应大于 30 次 /h。

风速过快，局部形成负压区，气流无法带走设备的热量；风速过慢，散热风量不足，设备容易过热。通常机房内散热气流合理风速为 2 ~ 4m/s。

第 8 章　数据中心暖通水系统设计

冷冻水型空调（或称通冷冻水型空调）以冷冻机组（Chiller）连接机房空调单元的方式为机房制冷。

冷冻水型空调将冷冻水直接引入，通过冷冻水盘管将机房热负荷传递到冷冻水系统，带出数据中心。冷冻水型空调室内机简单，价格低；管道可集中布置，工程量相对较少；可采用冷源集中方式制冷，可以运用高效率的制冷机组，运行费用较低。

水冷型空调则是内部利用一套板式换热器，实现冷却水与制冷剂的热交换，冷却水由水系统提供，通过冷却水塔或干冷器散热。水冷型空调通过冷却水管 + 水泵的方式，允许的管道距离大大加长；而且可集中采用冷却水塔或干冷器，不必为每台空调机组配置室外冷凝器。在某些空间受限制的场合，水冷型空调可以很好地解决相关矛盾。

水冷型空调自带压缩机组，而冷冻水型空调没有压缩机组。

冷冻水型空调、水冷型空调等空调机组涉及水系统的应用。冷冻水型空调可直接利用大楼冷冻水系统，但根据《数据中心通信基础设施标准》（TIA-942）和国家标准《数据中心设计规范》（GB 50174—2017）要求，数据中心制冷空调系统宜设置独立的空调系统。因此数据中心冷冻水型空调、水冷型空调等空调机组需要设置独立的水系统。

水系统通常包括冷冻水循环系统、热水循环系统、冷却水循环系统和冷凝水排放系统。

（1）冷冻水循环系统：带走机房内设备散发热量的冷冻水回水，经集水器、除污器、循环水泵，进入冷水机组蒸发器内；吸收制冷剂蒸发的冷量，温度降低成为低温冷冻水，进入分水器后再送入空调设备的表冷器或冷却盘管内；与被处理的空气进行热交换后，再回到冷水机组内进行循环再冷却。

（2）热水循环系统：主要完成冬季空调设备所需的热量，使其加热空气，热水循环系统需包含热源部分。由于数据中心空调系统主要是为设备的发热制冷，即使在冬季也需要空调系统制冷，而无须加热，因而数据中心空调系统中极少使用热水循环系统。

（3）冷却水循环系统：进入冷水机组冷凝器的冷却水吸收冷凝器内制冷剂放出的热量而温度升高，然后进入室外冷却塔散热降温；通过冷却水循环水泵进行循环冷却，不断带走制冷剂冷凝放出的热量，以保证冷水机组的制冷循环。

（4）冷凝水排放系统：排放空调系统表冷器表面因结露而形成的冷凝水的管路系统。

8.1 数据中心暖通水系统的分类与选择

数据中心暖通水系统是指中央空调设备以冷水为介质向末端空气处理设备（通常为精密机房空调机组）供应冷量的水路系统。

数据中心空调水系统的形式是多种多样的，通常可以根据水系统的水压特性、水管的设置方式、末端设备的水流程、水量特性、水的性质等划分为以下几种形式。

8.1.1 开式系统和闭式系统

按水压特性划分，数据中心空调水系统可分为开式系统（图 8.1 所示）和闭式系统（图 8.2 所示）。

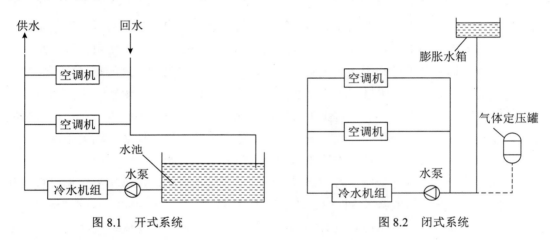

图 8.1　开式系统　　　　　　　　　　图 8.2　闭式系统

开式系统的末端管路与大气相通，冷冻回水集中进入建筑物的回水箱或蓄冷水池内，再由循环泵将回水送回冷水机组的蒸发器内，经冷却后的冷冻供水被输送至末端空气处理设备，即完成循环过程。

开式系统需要配置冷冻水箱和回水箱，系统水容量大，运行稳定，控制简便。由于冷水箱有一定的蓄冷能力，可以减少冷冻机的开启时间，增加能量调节能力，冷水温度的波动较小。当采用水箱式蒸发器时，可以用它代替冷冻水箱或回水箱。

但是，由于冷水与大气接触，循环水中含氧量高，易腐蚀管路；末端设备与冷冻站的高差较大时，水泵必须克服由高差造成的静水压力，循环泵的扬程高，增加了耗电量。

冷水在闭式系统内进行密闭循环，不与大气相接触。为了容纳系统中水体积的膨胀，在系统的最高点设膨胀水箱。闭式系统须采用壳管式蒸发器，用户侧必须采用表面式换热设备。

闭式系统与外界空气接触少，可以减缓腐蚀现象。但该系统的蓄冷能力小，即使在低负荷时，冷冻机也需经常开启；膨胀水箱的补水有时需要另设加压水泵。

8.1.2 两管制、三管制和四管制系统

按冷、热水管道的设置方式划分，数据中心空调水系统可分为两管制系统、三管制系统和四管制系统，如图 8.3 ～图 8.5 所示。

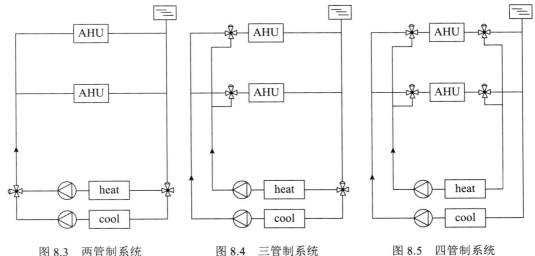

图 8.3 两管制系统   图 8.4 三管制系统   图 8.5 四管制系统

两管制系统即冷水系统和热水系统使用相同的供水管和回水管，是只有一供一回两根水管的系统。两管制系统简单，施工方便；但是不能用于同时需要供冷和供热的场所。

三管制系统分别设置供冷管路、供热管路、换热设备管路 3 根水管，其冷水与热水的回水管共用。三管制系统能够同时满足供冷和供热的要求，管路系统较四管制简单；但是比两管制复杂，投资也比较高，并且存在冷、热回水的混合损失。

四管制系统冷水和热水系统完全单独设置供水管和回水管，可以满足高质量空调环境的要求。四管制系统能够同时满足供冷和供热的要求，并且配合末端设备能够实现室内温度和湿度精确控制。由于冷水和热水在管路和末端设备中完全分离，有助于系统的稳定运行和减小设备腐蚀。

由于数据中心空调系统主要的目的是制冷，一般不需要供热，因而在数据中心空调系统中基本采用两管制系统。

8.1.3 同程式和异程式系统

按各末端设备的水流程划分，数据中心空调水系统可分为同程式系统（图 8.6 所示）和异程式系统（图 8.7 所示）。

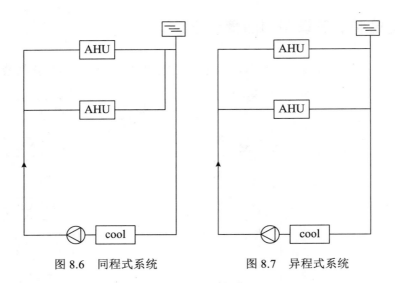

图 8.6　同程式系统　　　　图 8.7　异程式系统

在同程式系统中，经过每一并联环路的管道长度基本相等。相同的管道的单位长度的阻力损失基本相等，因而各环路的阻力基本相等，管网不须调节即可保持阻力平衡。

在同程式系统中，系统的水力稳定性好，各设备间的水量分配均衡，调节方便。用水点很多的室内管网，如有吊顶的高层的室内管网，当采用风机盘管时，利用调节管径的大小进行平衡往往是不可能的；若采用平衡阀或普通阀门进行水量调节，则调节工作量很大。因此，水路宜采用同程式。

但是，同程式系统由于采用了回程管，增加了管道的长度，使得初投资加大；并且管道长度增加，带来了管道水阻力增大问题，使得运行时水泵的能耗增加。

同程式系统有垂直同程、水平同程两种布置方式。

在异程式系统中，经过每一并联环路的管道长度一般不相等，所以系统中各环路的阻力一般不相等，管网中各环路需要增加阻力调节装置后才能实现阻力平衡。

异程式系统的布置简单，管材耗费少，工程量较小，系统初投资较少。但水力分配、调节较难，水力平衡调节难度较大。对于各大环路之间用水点少的系统，可以采用异程式，水量调节需要在每一个并联支路上安装流量调节装置。

对于闭式循环系统，一般来说，使用同程式布置，便于达到水力平衡。

对于开式循环系统，一般来说，使用异程式布置，不需要使用同程式布置。

同程式系统和异程式系统的适用条件比较如下：

（1）支管环路的压力降（阻力）较小，而主干管路的压力降起主导作用的场合，宜采用同程式系统。

（2）支管环路上末端设备的压力降（阻力）很大，而支环路的压降（阻力）起主导作用的场合，宜采用异程式系统。

如果建筑条件允许，可采用垂直同程和水平同程的布置方式，这样不仅容易达到水力平衡，而且可省去大量的调试工作量。

8.1.4 定流量和变流量系统

按水量特性划分，数据中心空调水系统可分为定流量系统和变流量系统。

1. 定流量系统

定流量系统是指系统中循环水量保持不变，当空调的负荷变化时，通过改变供、回水温差来适应制冷量或制热量的变化。

定流量系统简单，操作方便，无须复杂的自控设备和变流量定压控制。定流量系统对风机盘管机组、新风机组等负荷侧末端设备的能量调节方法，是在该设备上安装电动三通调节阀，改变通过表冷器上的水量来调节。总水量保持不变，各终端设备之间互不干扰，运行较稳定。

但定流量系统水量必须按最大负荷确定，而最大负荷出现的时间往往很短，即使在最大负荷时，各个部分的峰值负荷也不一定在同一时间出现，绝大多数时间的供水量大于所需要的水量，因此水泵的无效能耗很大。

通常采用多台冷冻机和多台水泵的系统，当冷冻机停止运行时，相应的水泵也停止运行。这样节约了水泵的能耗，但水量也随之变化，成为阶梯式定流量系统。

定流量系统一般适用于间歇性降温的系统和空调面积小、只有 1 台冷冻机和 1 台水泵的系统。

2. 变流量系统

变流量系统是指供、回水温差保持不变，当空调负荷变化时，通过改变供水量来适应。变流量系统对风机盘管机组、新风机组等负荷侧末端设备的能量调节方法，是在该设备上安装电动二通调节阀，改变通过表冷器上的水量来调节。终端设备的水量变化会影响总水量，因而变流量系统总水量随负荷变化而变化。

因此，变流量系统水泵的能耗随负荷减少而降低，在配管设计时可考虑同时使用系数，管径可相应减小，以降低水泵和管道系统的初投资；由于冷冻水循环和输配能耗占整个空调制冷系统能耗的 15% ~ 20%，而空调负荷需要的冷冻水量也经常性地小于设计流量，所以变流量系统具有节能潜力。但是，变流量系统水泵需要根据供、回水压差进行流量控制，自控系统较复杂。

定流量和变流量均指负荷侧环路，而冷源侧应保持定流量，其原因如下：

（1）保证冷水机组蒸发器的传热效率。

（2）避免蒸发器因缺水而冻裂。

（3）保持冷水机组工作稳定。

变流量系统通过改变水流量来适应冷负荷变化，而冷冻水供、回水温差基本不变。

变流量系统有一级泵系统和二级泵系统两种调节负荷侧水量的方式。

1）一级泵系统

常用的一级泵系统是在供水集水管和供水分水器之间设置一根旁通管，以保持冷水机组侧为定流量运行，而用户侧处于变流量运行。

一级泵变流量系统如图8.8所示，其控制原理是：当空调房间负荷下降时，负荷侧各用户的二通调节阀相继关闭，供、回水总管之间的压差超过了设定值；此时，压差控制器动作，让旁通管路上的二通调节阀打开，使部分冷媒水不经末端设备而从旁通管直接返回冷水机组，从而确保冷水机组的水量不变。

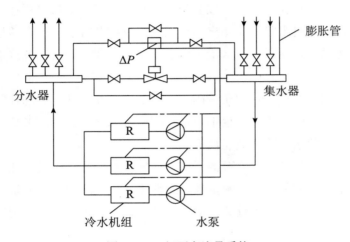

图 8.8　一级泵变流量系统

由于冷水机组可在减少一定流量的情况下正常运行，所以供、回水集管之间可不设置旁通管，而整个系统在一定负荷范围内采用变流量运行，这样可使水泵能耗大为降低。

一级泵系统组成简单，控制容易，运行管理方便，一般多采用这种系统。

2）二级泵系统

常用的二级泵系统由两个环路组成：由一次泵、冷水机组和旁通管组成的这段管路称为一次环路（冷源侧环路）；由二次泵、空调末端和旁通管组成的这段管路称为二次环路（负荷侧环路）。一次环路负责冷冻水的制备，二次环路负责冷冻水的输配。

二级泵系统的特点是，采用两组泵，以保持冷水机组一次环路的定流量运行和用户侧二次环路的变流量运行，从而解决空调末端设备要求变流量与冷水机组蒸发器要求定流量的矛盾。

二级泵变流量系统如图8.9所示，其控制原理如下：

（1）一次环路按定流量运行，通常采用"一泵对一机"的方式。

（2）二次环路按变流量运行，二次泵的台数无须与一次泵相对应，而主要满足供水分区的需要。二次泵的台数必须大于或等于设计所划分的二次供水环路数。

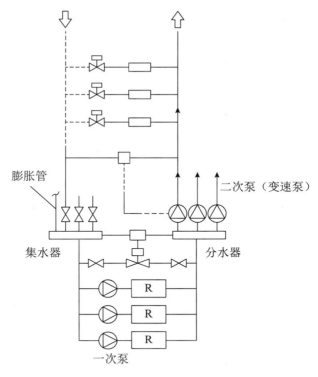

图 8.9 二级泵变流量系统

二级泵变流量系统较复杂、自控要求高、初期投资大。可以根据空调负荷的需要，通过改变二次水泵的台数或者水泵的转速来调节二次环路的循环水量，节省输送能耗，并能适应供水分区的不同压力降等。因此，当系统规模大、总压力损失大、各分区之间压力损失的差额较为悬殊时，可采用二级泵系统，分区分路供应用户侧所需的冷冻水。

8.2 数据中心暖通水系统的承压设计

数据中心空调水系统的承压设计主要包括水系统承压计算及设备选型、水系统的承压分区和水系统的定压等内容。

8.2.1 水系统的承压计算及设备选型

1. 水系统承受的最高压力点计算

水系统承受的最高压力点在系统的最低处或水泵的出口处。设计时，应对各个点的压力进行分析，选择合理的设备。在图 8.10 所示的系统中分析可得下列 3 种情况时水系统最高压力。

（1）当系统停止运行时，最高压力为系统最低点的静水压力，即 A 点承压最大。

$$P_A = \rho g h_A$$

（2）当系统开始运行时（水泵启动瞬间），动压还未形成，则水泵出口处的 B 点承压最大。

$$P_B = \rho g h_B + P$$

（3）当系统正常运行时，A 点和 B 点均可能承压最大。

$$P_A = \rho g h_A + P - P_d - \rho g h_{AB}$$

$$P_B = \rho g h_B + P - P_d$$

以上 4 式中：ρ——水的密度，kg/m³；

g——重力加速度，m/s²；

h_A——水箱液面至 A 点的高度，m；

h_B——水箱液面至 B 点的高度，m；

h_{AB}——A 点至 B 点的高度，m；

P——水泵的全压，Pa；

P_d——水泵出口处的动压，即 $P_d = v^2 \rho / 2$，Pa；

V——水泵出口流速，m/s。

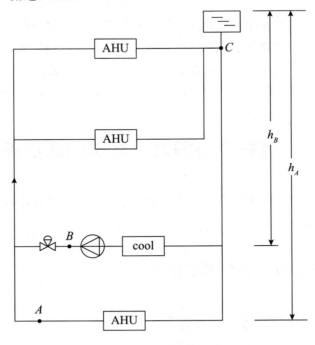

图 8.10　水系统的承压

2. 设备的承压

空调机组和风机盘管机组的承压为 1.0MPa，特殊要求可以达到 1.6MPa。

蒸气压缩式冷水机组的一般承压为 1.0 MPa，加强型可达 1.7MPa，特别加强型可达 2.0MPa。溴化锂吸收式冷温水机组的一般承压为 0.8MPa，有特殊要求时也可以提高其承压。

常用的管道其承压为：

（1）低压管道承压小于或等于 2.5MPa。

（2）中压管道承压为 4 ～ 6.4MPa。

（3）高压管道承压为 10 ～ 100MPa。

常用的阀门其承压为：

（1）低压阀门承压小于或等于 1.6MPa。

（2）中压阀门承压为 2.5 ～ 6.4MPa。

（3）高压阀门承压为 10 ～ 100MPa。

设计时可根据设备承压需要选用合适的管道和阀门。

8.2.2　水系统的承压分区

数据中心暖通水系统中的管路和设备均有其承压极限，设计时系统的压力不应超过设备的承压。如果建筑层不高，系统压力小，可只设一个区，将冷源和热源放在底层或地下室内，这样振动和噪声易于处理。

当高层建筑中设备的承压不够时，水系统应分区。如果分为两个区，设备的放置可采用如下方案：

（1）一组冷、热源放在屋顶或顶层，负责上区；另一组冷、热源放在地下室，负责下区。

（2）两个区的制冷和制热设备可同放在塔楼的设备层内，或其中一个放在设备层，另一个放在地下室。

（3）如果冷冻机、热交换设备承压高，其他设备承压低，则可把主机房设在地下室，末端设备分两个区，一个供应上区，另一个供应下区。

（4）在底层或地下室放制冷机等冷、热源，在设备层设置水 - 水换热器供应上区，地下室冷、热源直接供应下区。

8.2.3　水系统的定压

在闭式循环的水系统中，需要给系统定压，其目的是保证系统管道及设备内充满水，避免空气被吸入系统中。为此，必须保证管道中任何一点的压力都要高于大气压力。

目前，空调水系统的定压方式有以下两种：

（1）高位开式膨胀水箱方式；

（2）气压罐方式（俗称落地式膨胀水箱）。

8.3　数据中心暖通水系统的设计与计算

按照《工业建筑供暖通风与空气调节设计规范》（GB 50019—2015），空气调节冷却水系统的冷却水应循环使用。因此，需要对冷却水循环系统进行设计，设计大体有以下几部分：确定机房设计参数和总冷负荷；确定制冷系统结构及制冷机组、冷却塔、制冷终端的类型、容量和台数；水系统设计，保温设计。下面分别予以阐述。

8.3.1　确定机房设计参数和总冷负荷

设计数据中心机房暖通水系统时，首先必须确定机房内的目标设计参数，通常包括不同功能区域在不同季节的目标温度、目标相对湿度等。此外，还必须统计数据中心所在地点的室外设计参数，包括干球温度、湿球温度、极端最低温度、平均风速等诸多参数。

制冷机房的总冷负荷应包括数据中心实际所需的制冷量以及制冷系统本身和供冷系统的冷损失。数据中心实际所需的制冷量应包括数据中心设备发热、建筑围护结构传热、人员、照明发热、新风等产生的冷负荷，详见前面相关章节的介绍，而冷损失一般可用附加值计算，对于直接供冷系统一般在总冷负荷的基础上附加5%～7%，对于间接供冷系统一般在总冷负荷的基础上附加7%～15%。此外，还应了解全年负荷的变化规律，以便合理配置制冷压缩机台数与容量。

8.3.2　确定制冷系统结构及制冷机组、冷却塔、制冷终端的类型、容量和台数

确定制冷系统结构包括空调冷、热源的选择，不同季节制冷系统的不同工况和机组的类型选择等内容。当前数据中心水系统建设的一个热点和难点是，如何在冬天采用自然冷源以达到节能的目的，不同的建设理念衍生出多种独特的制冷系统结构。

从能耗、单机容量和调节等方面考虑，选择空调用冷水机组时，单机额定工况制冷量大于1758kW时，宜选用离心式压缩机；制冷量为1054～1758kW时，宜选用螺杆式或离心式压缩机；制冷量为700～1054kW时，宜选用螺杆式压缩机；制冷量为116～700kW时，宜选用螺杆式或往复式压缩机；制冷量小于116kW时，宜选用活塞式或涡旋式压缩机。

冷却塔按热水和空气的流动方向分为逆流式冷却塔、横流（交流）式冷却塔、混流式冷却塔。冷却塔台数与制冷主机的数量一一对应，可以不考虑备用。

设计制冷机房时，一般设置 1～3 台同型号的制冷机组，台数不宜过多。特别重要的数据中心，还须设置备用制冷机组。

8.3.3　水系统设计

水系统设计须确定冷冻水和冷却水系统形式，进行管路系统设计计算，选择主要设备和附件，主要有水泵、集水器和分水器、膨胀水箱、自动排气阀、电子水处理仪与水过滤器、阀门等装置。

应根据数据中心的当地气候、地理、能源供应、建筑结构条件等场地条件，以及投资运营需要等因素进行综合考虑，选择冷冻水机房空调或冷风型机房空调，以及相适应的一种水系统形式。

1. 水系统的水力计算

确定水系统形式后，即可进行水系统的水力计算。水系统的水力计算主要包括：

（1）水流量的计算。

（2）根据水流量以及给定的管内水流速度，确定管道直径。

（3）根据管道特性，计算管路的沿程阻力和局部阻力，并以此作为选择循环泵扬程的主要依据之一。

以冷冻水系统的水力计算、设计为例，需要完成对冷冻水系统的水流量的计算、水管管径的选择、管段沿程阻力和局部阻力的计算。通常采用假定流速法，具体步骤如下。

1）管段编号

对各管段进行编号，以便对水系统中各个管段分别计算、设计。

2）各管段的水流量

根据风机盘管、新风机组和空调机组的负荷算出各管段的水流量。计算公式为

$$L=Q/(C\Delta T)$$

式中：L——管段的水流量，m^3/h；

Q——相应空调机组、新风机组等的负荷量，kW；

C——水的比热容系数，一般取 1.163；

ΔT——进回水的温度差，℃。通常取 5℃左右。

3）管径计算

根据推荐流速值先选一个流速 v，并依据水流量确定管径。选择标准管径，利用选择的标准管径再计算管内流速。

各管段的直径计算公式为

$$D=\sqrt{\frac{L}{3600kv}}$$

式中：D——水管计算管径，m；

L——相应水管中水流量，m³/h；

k——计算系数，一般取 0.785；

v——水管允许水流速，m/s。

水流速根据国家标准《室外给水设计标准》（GB5 0013—2018）的推荐值（表 8.1 所示），工程计算通常取值为：当管径在 DN100～DN250mm 时，流速推荐值为 1.5m/s 左右；当管径小于 DN100mm 时，推荐流速应小于 1.0m/s；当管径大于 DN250mm 时，流速可再加大。

表 8.1　GB 50013—2018 的推荐流速　　　　　单位：m/s

管道种类	管道公称直径 /mm		
	＜ 250	250 ～ 1000	＞ 1000
水泵进水管	1.0 ～ 1.2	1.2 ～ 1.6	1.5 ～ 2.0
水泵出水管	1.5 ～ 2.0	2.0 ～ 2.5	2.0 ～ 3.0

选定标准管径后，核算管内实际流速满足规范要求。

4）各管路的阻力计算

水管的总阻力损失由沿程（摩擦）阻力损失和局部阻力损失构成。

直管段的沿程（摩擦）阻力 h_f 的计算公式为

$$h_f=\lambda\frac{1}{d}\frac{\rho v^2}{2}$$

或

$$h_f=Rl$$

式中：h_f——沿程（摩擦）阻力，Pa；

λ——沿程（摩擦）阻力系数，与水流方式、管道内壁粗糙程度相关；

l——直管段长度，m；

d——管内径，m；

p——水的密度，kg/m³；

v——水管水流速，m/s；

R——单位管长直管段的沿程（摩擦）阻力，简称比摩阻，Pa/m。如果确定管段的管径，可查水力计算表得到 R 的值。

流体流经三通、阀门、变径等管件，流量、流速、流向发生变化，有能量损失，称为局部阻力损失。

局部阻力 h_d 的计算公式为

$$h_{\mathrm{d}} = \zeta \frac{\rho v^2}{2}$$

式中：h_{d}——局部阻力，Pa；

ζ——局部阻力系数，一般由实验方法确定，Pa；

p——水的密度，kg/m³；

v——水管水流速，m/s。

水管的总阻力损失为

$$h = h_{\mathrm{f}} + h_{\mathrm{d}}$$

根据以上的基本公式制成的水力计算软件，可根据管段的流量和给定的管内水流速度，确定管道直径并计算出管路的沿程阻力和局部阻力。

2. 水泵的选择

水泵是空调水系统的主要动力设备。通常，空调水系统所用的循环泵为离心式水泵。常用的水泵有单级单吸清水离心水泵和管道泵两种。当流量较大时，也采用单级双吸离心水泵；当高扬程、小流量时常采用多级离心水泵。

水泵的选择主要按水泵所需的流量（Q，单位为m³/s）和扬程（H，单位为kPa）来确定。

1）水泵流量的确定

水泵流量为

$$L = （1.1 \sim 1.2）L_{\mathrm{max}}$$

式中：L_{max}——设计最大流量；

$1.1 \sim 1.2$ 为放大系数，水泵单台工作时一般取 1.1，多台并联工作时一般取 1.2。

2）水泵扬程的确定

循环水泵扬程计算公式为

$$H = \beta H_{\mathrm{max}}$$

式中：H——水泵扬程

H_{max}——水泵所承担的最不利环路的水压降；

β——扬程储备系数，通常取 1.1 $\sim$ 1.2。

对于闭式系统，水泵所承担的最不利环路的水压降 H_{max} 为最不利环路的管路沿程阻力、管路局部阻力（阀门、弯头等）和设备阻力之和，即

$$H_{\mathrm{b}} = H_{\mathrm{f}} + H_{\mathrm{d}} + H_{\mathrm{m}}$$

对于开式系统，水泵所承担的最不利环路的水压降 H_{max} 还应加上设备高差所造成的静水压力，即

$$H_{\mathrm{k}} = H_{\mathrm{f}} + H_{\mathrm{d}} + H_{\mathrm{m}} + H_{\mathrm{a}}$$

以上两式中：H_{b}——闭式系统中水泵的扬程，kPa；

H_k——开式系统中水泵的扬程，kPa；

H_f——水系统管路的沿程阻力，kPa；

H_d——水系统管路的局部阻力损失，kPa；

H_m——水系统中的设备阻力损失，kPa；

H_a——开式系统中的静水压力，kPa。

在工程中，水泵所承担的最不利环路的水压降也可根据下式计算。

$$H_{max}=\Delta P_1+\Delta P_2+0.05L（1+K）$$

式中：ΔP_1——冷水机组蒸发器的水压降。

ΔP_2——该环路中并联的各空调末端装置中水压损失最大的一台的水压降。

L——该最不利环路的管长。

K——最不利环路中局部阻力当量长度总和与直管总长的比值，当最不利环路较长时，K 值取 0.2 ～ 0.3；当最不利环路较短时，K 值取 0.4 ～ 0.6。

3）补水水泵扬程的计算

补水水泵扬程为系统最高点距补水泵接管处的垂直距离与补水管路的沿程阻力损失与局部阻力损失之和，其沿程阻力损失和局部阻力损失一般为 30 ～ 50kPa。

水泵并联运行时，水泵流量会有所衰减；当并联台数超过 3 台时，衰减尤为厉害。因此，建议工程设计中选用多台水泵并联运行时，应考虑并联后的流量衰减，留有足够余量；在空调系统中，水泵并联不宜超过 3 台，进行制冷主机选择时也不宜超过 3 台。通常在工程设计中，冷冻水泵和冷却水水泵的台数应和制冷主机一一对应，并考虑一台备用。补水泵一般按照一用一备的原则设计。

3. 水泵的配置

水泵的配管布置应注意做到：

（1）连接水泵的吸入管和压出管上宜安装软性接头，有利于减弱水泵的振动和噪声的传递。

（2）水泵的出口宜装止回阀，以防止水泵突然断电使水逆流，而使水泵的叶轮受损。

（3）水泵的吸入管和压出管上应分别设置进口阀和出口阀，以便于水泵不运行时能在不排空系统内的存水的情况下而进行检修。进口阀通常是全开，常采用价廉、流动阻力小的闸阀，但绝对不允许作调节水量用，以防水泵产生气蚀。出口阀宜采用有较好调节性能、结构稳定可靠的截止阀或蝶阀。

（4）安装在立管上的止回阀的下游应设放水管，便于管道清洗和排污。

（5）水泵的出水管上应装有压力表和温度计，以利于检测；如果水箱从低位水箱吸水，吸水管上还应装有真空表。

（6）几台水泵宜单独设置吸水管，管内水流速一般为 1.0 ～ 1.2 m/s；出水管内水流速一般为 1.5 ～ 2.0m/s。

4. 分水器和集水器的选择

在空调水系统中，为了利于各空调系统分区流量分配和调节灵活方便，一般在水管系统的供、回水干管上分别设置分水器（供水）和集水器（回水），再分别连接各空调分区的供水管和回水管，如图 8.11 所示。这样，在一定程度上也起到均压的作用。

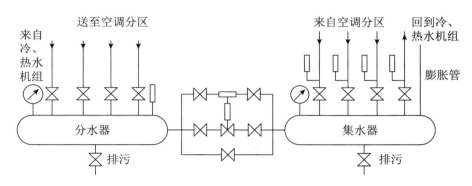

图 8.11　分水器和集水器

选择分水器和集水器管径的原则为：保证总水量通过分水器或集水器时的流速大致控制在 1.0 ～ 1.5m/s。工程上一般按经验估算法确定管径，即 $D = （1.5 ～ 3.0）d_{max}$，其中 d_{max} 为支管中的最大管径。分水器和集水器的底部应设有排污管接口。

5. 膨胀水箱与气压罐装置的选择

1）膨胀水箱

在闭式循环的空调水系统中，设置膨胀水箱可以容纳系统中水受热膨胀后多余的体积，解决系统的定压问题，向系统补水。

膨胀水箱的安装高度应至少高出系统最高点 0.5m（通常取 1.0 ～ 1.5m）。膨胀水箱上的配管有膨胀管、信号管、溢水管、补水管、排水管和循环管等。从信号管至溢水管之间的膨胀水箱容积，就是有效膨胀容积。

膨胀水箱的容积由系统中水容量和最大的水温变化幅度决定，可以用下式计算

$$V_p = a\Delta t V_s$$

式中：V_p——膨胀水箱的有效容积，m³；

a——水的体积膨胀系数，一般取 0.0006L/℃；

Δt——系统最大的水温变化值，℃；

V_s——系统内的水容量（系统中管道和设备内存水量总和），m³。

膨胀水箱一般按照冷冻水系统管路总水容量的 2% ～ 3% 选择。

2）气压罐装置（闭式低位膨胀水箱）

气压罐不但能解决系统中水体积的膨胀问题，而且可实现对系统进行稳压、自动补水、自动排气、自动泄水和自动过压保护等功能。与开式高位膨胀水箱相比，它要消耗一定的电能。

6. 自动排气阀的选择

水系统管道中如有空气，将会出现水量不足等问题，影响系统正常工作，因而需要自动排气阀排出系统中的空气。

自动排气阀的工作原理是：当系统中有空气时，气体聚集在排气阀的上部，阀体内气泡堆积使浮球随水位下降，因此打开排气活塞；气体排尽后，水位上升，浮球也随之上升，关闭排气活塞。通常，阀帽应处于开启状态。

7. 水过滤器、电子水处理仪的选择

水过滤器又称排污器，通常装在测量仪器或执行机构之前。常用的水过滤器有 Y 型过滤器（安装在水平管道中），介质的流动方向必须与外壳上标明的箭头方向一致。一般水过滤器安装位置与测量仪器或执行机构的距离为公称直径的 6 ~ 10 倍，并应定期清洗。

电子水处理仪利用电子线路产生高频电磁场，使流经除垢仪的水吸收高频电磁能后，将原有的大缔合体状态的水变成单个水分子；水中单个水分子急剧增加，水中溶解盐的正负离子迅速被大量单个水分子包围，从而使水中的钙、镁离子无法与碳酸根结合成碳酸钙和碳酸镁，达到除垢、防垢、阻垢的效果。同时，水分子能将水中溶解氧包围封锁，切断了微生物进行生命活动所需氧的来源，也切断了金属锈蚀所需氧的来源，从而达到了一定的杀菌灭藻及阻锈、防腐的作用。

冷却水系统属开式系统，必须使用电子水处理仪；冷冻水系统属闭式系统，可以在冷冻水系统管路中或膨胀水箱进水管路中安装电子水处理仪。在冷冻水系统与冷却水系统中，都必须设置水过滤器。

8. 阀门及冷凝水管的选择

1）阀门

阀门是重要的管道附件，其作用是接通、切断和调节水或其他流体的流量。空调系统中常用的阀门形式有截止阀、闸阀、蝶阀、止回阀、调节阀、安全阀以及凝结水用疏水器等。

2）冷凝水管

风机盘管、新风机组、吊挂式空调机、组合式空调机组等运行过程中产生的冷凝水，必须及时排走。风机盘管凝结水盘的进水坡度不应小于 0.01；其他水平支干管，沿水流方向，应保持不小于 0.002 的坡度，并且不允许有积水部位。冷凝水管道宜采用聚乙烯塑料管或镀锌钢管，不宜采用焊接钢管。采用聚乙烯塑料管时，一般可以不加防止二次结露的保温层，但采用镀锌钢管时应设置保温层。

冷凝水管的公称直径 DN，在一般情况下可以参照制冷机组的冷负荷 Q 来选取，如按照表 8.2 近似选定冷凝水管的公称直径。

表 8.2　冷凝水管推荐公称直径

冷负荷 /kW	冷凝水管公称直径 /mm
≤ 7	20
7.1 ～ 17.6	25
17.7 ～ 100	32
10l ～ 176	40
177 ～ 598	50
599 ～ 1055	80
l056 ～ 1512	100
1513 ～ 12 462	125
≥ 12 463	150

8.3.4　保温设计

为了减少制冷系统的冷量损失，低温设备和管道均应保温。应保温的部分有制冷压缩机的吸气管、膨胀阀后的供液管、间接供冷的蒸发器以及冷冻水管和冷冻水箱等。

制冷系统使用的保温材料应导热系数小、湿阻因子大、吸水率低、密度小，而且使用安全（不燃或难燃、无刺激性气味、无毒等）、价廉易得、易于加工敷设。目前，制冷系统中常用的保温材料有矿渣棉、离心玻璃棉、柔性泡沫橡胶塑料、自熄型聚苯乙烯泡沫塑料、聚乙烯泡沫塑料和硬质聚氨酯泡沫塑料等。

管道和设备保温层厚度的确定，要考虑经济上的合理性，但是，最小保温厚度应使其外表面温度比最热月室外空气的平均露点温度高 2℃左右，以保证保温层外表面不结露。在计算保温层厚度时，可忽略管壁导热热阻和管内表面的对流换热热阻。

这样，对于设备壁面应有

$$\frac{t_a - t_f}{t_a - t_s} = 1 + a_a \frac{\delta}{\lambda}$$

对于管道应有

$$\frac{t_a - t_f}{t_a - t_s} = 1 + \frac{a_a}{\lambda}\left(\frac{d_o}{2} + \delta\right)\ln\left(\frac{d_o + 2\delta}{d_o}\right)$$

以上二式中：t_a——空气干球温度，以最热月室外空气平均温度计算，℃；

t_f——管道或设备内介质的温度，℃；

t_s——保温层的表面温度，℃，比最热月室外空气的平均露点温度高 2℃；

a_a——外表面的对流换热系数，一般取 5.8W/（m² · K）；

λ——保温材料的导热系数，W/（m · K）；

δ——保温层厚度，m；

d_o——管道的外径，m。

为了保证保温效果，保温结构应由如下 5 部分组成。

（1）防锈层。清除管道或设备外表面铁锈、污垢，涂上两层红丹漆或沥青漆，以防止管道或设备表面锈蚀。

（2）保温层。粘贴保温层时，应根据保温材料的不同选用不同的黏合剂。粘贴保温层后，应用沥青将其缝隙填充。

（3）隔气层。在保温层外面缠包油毡或塑料布等，使保温层与空气隔开，以防止空气中的水蒸气透入保温层造成保温层内部结露，保证保温层的性能和使用寿命。

（4）保护层。对于较大的设备和管道，还可在隔气层外敷设铁皮或抹上石棉水泥等保护层，使保温层不致被碰坏。

（5）识别层。保护层外表面应涂以不同颜色的调和漆，并标明管路的种类和介质流向。

第9章 高热密度数据中心暖通系统简介

随着服务器等设备的应用提升，尤其是机架式、刀片式服务器的应用，单机柜内设备数量、功率密度、发热密度都有巨大提高，并且随着应用技术（如虚拟技术、云计算等技术）的广泛应用，更是提高了服务器等 IT 设备的利用效率，如 42U 机柜内放置满机架式或刀片式服务器满负荷运行，功率密度可超过 30kW，发热密度也相应达到 30kW 左右。根据有关研究报告表明：发热密度超过 5kW/ 机柜，采用制冷效率最高的机房空调地板下送风形式，也会在机柜的顶部产生局部热点，容易导致设备过热保护。

随着高性能计算机的应用普及、数据中心设备利用率的提高、刀片式服务器的大量应用，针对高功率密度和发热密度，机柜内的供电、散热问题成为数据中心发展的关键。针对数据中心高热密度设备散热制冷问题，目前大致有三种解决方案：高热密度区域解决方案、局部热点解决方案、专用高热密度封闭机柜方案。

9.1 高热密度区域解决方案

高热密度区域解决方案是，将高热密度设备集中布置在机房内，形成高热密度区域，在此区域中采用相应的高热密度制冷的方式。例如，在高热密度区域中，将相关机柜封闭，隔离冷、热气流，防止冷、热气流混合而降低制冷效率。通常的做法是，将机柜正面的冷风通道空间封闭，如图 9.1 所示。

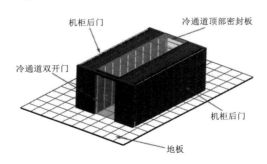

图 9.1 高热密度区域封闭冷风通道空间的应用

高热密度区域封闭冷风通道空间气流分布如图 9.2 所示。

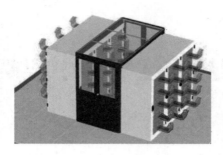

图 9.2　高热密度域封闭冷风通道空间气流分布

高热密度区域冷风通道封闭处理如图 9.3（b）所示。

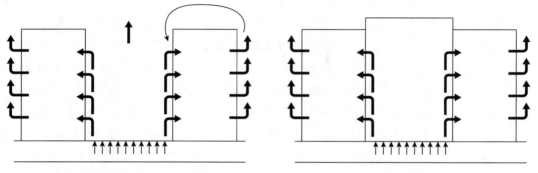

（a）高热密度区域冷风通道不封闭　　　　　（b）高热密度区域冷风通道封闭

图 9.3　高热密度区域冷风通道封闭处理

　　该做法可以确保在机房中，冷、热气流完全隔离，而冷、热气流不再有如图 9.3（a）所示的混合，机房空调送出的冷风全部用于设备制冷，将静压箱延伸到了机柜的正面空间，充分利用了机房空调的制冷量，提高了制冷效率，解决了设备的高热密度散热问题。这种方案需要将高热密度设备集中布置，进行集中统一的制冷、供电等管理，因此，要求在数据中心设计阶段做好规划，将高热密度设备与普通发热密度设备分开，集中布置、管理。业界也有将机柜后部空间封闭的做法，以便于在机柜正面对设备进行操作和维护。

　　冷风通道空间封闭的高热密度区域解决方案，简单易行，可确保高热密度机柜内的设备正常散热和工作，同时也能实现比一般机房空调送风方式更高的制冷效率。限于机房空调送风制冷量，这种方案可解决的热密度不如后面即将介绍的其他几种加强制冷的高热密度制冷方案。业内还有通过封闭机柜，将冷风封闭在机柜内正面空间的做法，该做法可压缩冷风道的空间，但机柜内制冷能力较低。

9.2　局部热点解决方案

　　局部热点解决方案是，在机房空调对机房整体空气调节的基础上，针对高热密度设备发热而导致机房空调送风无法冷却的局部热点区域，采取加强制冷处理，即在容易形成局部热点的区域中，放置相应制冷终端，加强局部热点区域的制冷循环，以确保机柜内的设备正常散热和工作。

图 9.4 为机房顶部加装制冷终端的方案。通过挂在机房天花上的制冷终端内的蒸发器，冷却机柜背面排出的热风，直接向产生局部热点的机柜正面送冷风，消除局部热点，以保证高热密度设备的散热。制冷主机系统通过相关管道，为机房内各个制冷终端提供制冷剂，以带走制冷终端冷却高热密度设备排出的热空气产生的热量。采用这种方案，单机柜的发热量允许达到 30kW。

图 9.4　机房顶部加装制冷终端的制冷方式

这种方案布置灵活，可根据机房设备布置情况，在高热密度设备区域加装制冷终端；并可以根据扩容规划，在数据中心建设初期铺设管道，随着数据中心应用扩容，增加相应的制冷终端和主机。

冷媒采用制冷剂形式，安全可靠，杜绝了机房进水的风险。

但这种在局部热点区域加强制冷的形式需要加装制冷终端，占用机房相关空间，因而要求在数据中心设计阶段做好规划，以便加装相关设备和铺设管道。

业界还有在高热密度机柜顶部、侧面、背部加装加强制冷的制冷终端方案，冷媒也有制冷剂和冷却水等。这些制冷方案都是配合机房空调制冷系统，加强局部热点区域制冷的解决方案。

9.3　专用高热密度封闭机柜方案

高热密度封闭机柜采用柜内直接制冷的方式，机柜内设备运行发出的热量通过机柜内空气循环，经热交换器，通过水冷循环回路，传递到机柜外的冷冻水系统或机房空调系统中。国内某超级计算机中心内封闭式水冷机柜的应用现场如图 9.5 所示。

在高热密度封闭机柜中，柜内空气独立循环，如图 9.6 所示。机柜内由风扇带出服务器排出的热风，送入机柜底部的空气 - 水热交换器，将空气冷却，再送回服务器正面，完成机柜内空气循环，实现高热密度服务器的散热。热交换器内的冷水由冷水机组或其他制冷装置提供，循环使用。由于机柜内空气循环路径短，散热效率高。

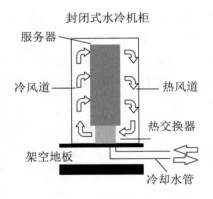

图 9.5 封闭式水冷机柜的应用现场图　　　图 9.6 封闭式水冷机柜的工作原理

封闭式水冷机柜采用冷却水系统与高热密度机柜连接，带走机柜内热量，空气 - 水热交换器效率高，可满足单机柜高达 35kW 的制冷量需求。机柜内空气循环，回路气流量小、温差大、环流路径短，热交换效率高。机柜风扇可根据机柜内温度的高低调速，调节风量，并可充分利用服务器风扇，系统效率高。

这种形式的机柜完全封闭，带走热量的气流循环在机柜内完成。机柜与机房环境基本独立，有利于迅速、准确地控制每个机柜内环境，减少制冷能量在机房内的浪费，并可减少机房内的大量噪声。

由于封闭式机柜使用冷水将热量带出机柜，需要将冷水引入机房，所以带来了漏水和结露的隐患。因此，系统需要的冷水由一个中间热交换单元提供，确保机房内的冷水温度高于机房的露点温度，防止结露；同时保证冷水的流量稳定，确保末端机柜内空气温度的精确控制。在机房工程和机房管理上，必须做好防漏水措施和预警管理。

业界还有在机柜的侧面放置热交换器的方式。热交换器可采用模块化设计，根据机柜内发热设备的增加，增加热交换器模块，实现机柜制冷能力的灵活配置。

9.4　其他高热密度散热解决方案

除了机房整体解决方案和使用高热密度封闭机柜外，还有其他高热密度散热方案，如对芯片直接制冷，将冷媒（如制冷剂、制冷液、二氧化碳等）送到发热的芯片上，直接吸收芯片发出的热量。例如 AMC（Active Micro-Channel Cooling）技术通过制冷液体直接吸收 CPU 芯片发出的热量，该方式可实现芯片上 1000W/cm² 的散热量（传统 CPU 风冷形式，只可实现芯片上 250W/cm² 的散热量）。由于直接对芯片制冷，制冷效率高，系统制冷容量大，故可充分满足高性能计算机的高密度散热要求；但系统较复杂，管理维护复杂，应用较少。

第 10 章　数据中心暖通系统其他常见设备

10.1　新风机组

在密闭的机房里为保障室内空气品质，需要定期输送室外含氧量较高的空气（新风）进入室内，完成这一功能的设备叫新风机组。新风机组就是供应新风并对新风进行处理的空调设备。

数据中心新风机组的主要功能是提高数据中心机房内空气质量，保持正压，以及保证人员正常工作的环境需求。对于新风量的确定，一般是按房间内人员每人大于或等于 $40m^3/h$，或为维持房间正压所需风量（主机房对走廊或其他房间的正压需大于或等于 5Pa，对室外的正压需大于或等于 10Pa），取两者之中的大者作为结果。

新风机组按使用环境的要求可以提供恒温恒湿功能或者仅提供室外新鲜空气；此外，除尘、除湿（或加湿）、降温（或升温）等功能也可以根据具体情况来确定是否需要，功能越齐全造价也越高。

10.1.1　新风机组的控制

新风机组控制主要包括送风温度控制和送风相对湿度控制。如果新风机组要考虑承担室内负荷（如直流式机组），则还要控制室内温湿度。

1. 送风温度控制

送风温度控制即指定出风温度，其适用条件通常是该新风机组是以满足室内卫生要求而不是负担室内负荷。因此，在整个运行过程中，新风机组送风温度以保持恒定值为原则。由于冬、夏季对室内环境要求不同，因此对送风温度的要求也不同。也就是说，新风机组确定送风温度参数时，全年有两个参数值：冬季控制参数值和夏季控制参数值，同时还要考虑冬、夏工况的转换问题。

采用送风温度控制时，通常是夏季控制冷盘管水量，冬季控制热盘管水量或蒸气盘管的蒸气流量。为了管理方便，温度传感器一般设于该机组所在机房内的送风管上。

2. 相对湿度控制

新风机组采用相对湿度控制的要点是确定湿度传感器的设置位置或者说如何选取控制参数，这与其加湿源和控制方式有关。

相对湿度控制的具体方式包括以下几种。

1）蒸气加湿

对于要求比较高的场所，应根据其对湿度控制的要求，自动调整蒸气加湿量，这一方式要求蒸气加湿器应采用调节式阀门（直线特性），调节器应采用 PI（比例积分）型调节器。由于这种方式的稳定性较好，温度传感器可设于机房内送风管道上。

对于一般要求的场合，可以采用位式控制方法，即采用位式加湿器（配快开型阀门）和位式调节器，这对于降低投资是有利的。

当采用双位控制时（即湿度设上下限），由于位式加湿器只有全开全关的功能，湿度传感器如果设在送风管上，一旦加湿器全开，传感器立即就会检测出湿度高于设定值而要求关闭加湿（因为通常选择加湿器时其最大加湿能力必然高于设计要求值），而一旦关闭，又会使传感器立即检测出湿度低于设定值而要求进行加湿；这样必然造成加湿器阀门的振荡运行，动作频繁，使用寿命缩短。显然，这种现象是由于从加湿器至出风管的这段范围内湿容量过小造成的。因此，蒸气加湿器采用位式控制时，湿度传感器应设于能典型代表房间（区域）相对湿度的地点，或房间（区域）内相对湿度变化较为平缓的位置，以增大湿容量，防止加湿器阀开关动作过于频繁而损坏。

2）高压喷雾、超声波加湿及电加湿

这三种都属于位式加湿方式。因此，其控制手段和传感器的设置情况应与采用位式方式控制蒸气加湿的情况相类似。即：控制器采用位式来控制加湿器启停，湿度传感器应设于能典型代表房间整体湿度状况的区域。

3）循环水喷水加湿

循环水喷水加湿与高压喷雾加湿在处理上是有所区别的，理论上前者属于等焓加湿而后者属于无露点加湿，如果采用位式控制器控制喷水泵启停时，设置原则与高压喷雾情况相似。但在一些工程中，喷水泵本身并不做控制而只是与空调机组联锁启停，为了控制加湿量，此时应在加湿器前设置预热盘管，通过控制预热盘管的加热量，来保证加湿后的"机器露点"，也即保证了相对湿度。（此原因基于机器露点的性质。）

3. 室内温度控制

对于一些直流式系统，新风机组不仅能使环境满足卫生标准，而且还可以承担全部室内负荷。由于室内负荷是变化的，所以这时新风机组若采用控制送风温度的方式就不能满足室内要求，可能造成过热或过冷。正确的做法是把温度传感器放于被控房间的典型区域。由于直流式系统通常设有排风系统，温度传感器设于排风道并考虑一定的修正也是一种可行的办法。

此外，还有采用送风温度与室内温度联合控制的方法。

4．压差控制

分别在 IT 机房室内室外安装探头，形成压差传感器感受室内外之间的压差。压差值一般定为 5Pa 或 10Pa。室内空气压力与室外空气压力的差值低于此值时，新风机启动向室内补风以维持一定的正压。

10.1.2　新风机组的工作原理

新风机组温度控制系统由比例积分温度控制器、温度传感器和电动调节阀组成。控制器将温度传感器检测到的温度值与设定温度值进行比较，并根据 PI（比例积分）运算结果，给电动调节阀一个开 / 关阀的信号，从而使送风温度保持在需要的范围。

电动调节阀与风机连锁，以保证切断风机电源时风阀亦同时关闭。

在需要制冷时，温控器置于制冷模式；当温度传感器测量的温度值达到或低于设定温度时，温控器给电动阀一个关阀信号，电动阀上相应接点接通，阀门关闭。在需要制热时，温控器置于制热模式；当温度传感器温度达到或高于设定温度时，温控器给出关阀信号，阀门关闭。

当过滤网堵塞时，压差开关会探测到过滤网前后压差值超过允许值，触发报警信号，提示进行过滤网清洗或更换。

当盘管温度过低时，低温防冻开关给出信号，风机停止运行，防止盘管冻裂。

10.1.3　新风机组功能段

新风机组由多个功能段组成，大致包括以下 5 个。

（1）过滤段：根据需要选配初效过滤器、中效过滤器、高效过滤器、化学过滤器等，主要用于有效捕集颗粒直径不等的尘粒、有害物质。

（2）表冷段：用表冷器对新风进行冷却、减湿，以控制送风温、湿度。

（3）加湿段：使用电极加湿、蒸气加湿等方式，来保证较严格的相对湿度要求。

（4）风机段：即送风机段，可根据需要选用离心风机或轴流风机。

（5）杀菌段：一般采用紫外灯杀菌。

以上为常规的各个空气处理段，经过这些功能段处理后的空气，能够满足室内温度、湿度、空气清洁度、空气清新度的要求。另外，考虑到节能需要，有的新风机组除了以上几个功能段外，还可能配备有热交换段。热交换段是采用热回收装置回收排风中的能量，用来对新风进行预冷或预热，从而实现能量的回收利用。

新风机组组成如图 10.1 所示。

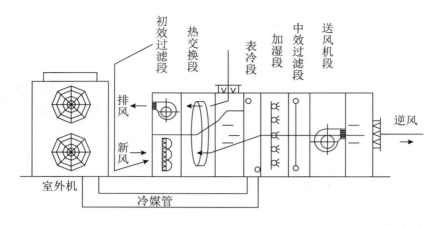

图 10.1 新风机组的组成

10.2 蓄冷罐

在数据中心，蓄冷罐主要发挥应急功能，平时罐内存储低温冷冻水，当数据中心出现双路市电断电的情形时，冷机停机无法继续制冷，此时蓄冷罐充当冷源。

具体工作过程如下：双路市电断电之后，应急电源由柴油发电机组担当；柴油发电机组：启动成功之后，完成配送电；制冷机以及配套设备启用，开始制冷。这段恢复过程所需要的时间为数据中心应急允许时间，一般为 15min（参考值）。此时间值的大小由数据中心配置设备属性、自动控制系统以及值班人员工作素质等决定，所以不同数据中心应急允许时间也不同。在市电断到柴油发电机组启动、制冷机启动这段时间，UPS充当电源，蓄冷罐则充当系统冷源，向冷冻水系统供应低温水。由于采用蓄冷罐的数据中心其空调系统中冷冻水泵、室内空调末端风机均接有 UPS（不间断电源），因此可以保证在应急允许时间内机房的温度不至于过高。

蓄冷罐外形如图 10.2 所示。

图 10.2 蓄冷罐的外形

10.3　循环水处理系统

在冷却水循环使用过程中，通过冷却系统构筑物的传热与传质交换，循环水中离子、溶解性固体、悬浮物相应增加，空气中的污染物如尘土、杂物、可溶性气体和换热器物料渗漏等均可进入循环水，致使微生物大量繁殖。综上影响使得循环冷却水系统的管道中产生结垢、腐蚀和粘泥等现象，导致换热器换热效率降低，增加运行成本。循环冷却水处理的目的就在于消除或减少结垢、腐蚀和生物黏泥等危害，使系统可靠、高效、节能地运行。

目前，对循环冷却水进行处理分为化学法和物理法两种。化学法即向水中投加具有阻垢、缓蚀、杀菌、灭藻作用的水质稳定剂，从而对循环水进行处理。传统的加药法操作一般需先对水质进行分析，并通过动态模拟方式确定水质稳定剂的配方，同时还需要注意该配方在缓蚀、阻垢、灭菌、防藻方面的协同效果。如果水质稳定剂配方选择不当，将造成顾此失彼的结果。对于空调冷却水来说，此法技术要求较高，操作管理方法复杂，特别要注意药剂对系统材料的腐蚀性。正因为化学法的上述难点，空调暖通冷却水系统一般采用物理法清洁。物理法处理设备简单，便于操作，运行费用低，它主要通过形成高频电磁场来实现防垢、除垢、缓蚀、杀菌、灭藻以及防锈等功能。

在数据中心中，一般循环水处理采用物理法与化学法结合使用的方式，及时进行暖通空调循环水处理工作，做好防垢、防锈、防微生物、防黏泥垢的管理，可以起到延长系统使用寿命，保证系统高效稳定长期运行的作用。下面分别介绍这两种方法使用的具体设备。

10.3.1　加药装置

加药装置是中央空调配套水处理系统的设备，靠投入的药剂来保持中央空调循环水质的正常状态。药剂的功能虽然相似，起缓蚀除垢、杀菌灭藻的作用，但是由于药剂厂家不同，药剂成分以及配比浓度等都不相同，所以具体的加药计量还需药品厂家出具文件规程。要想达到更好的使用效果，必须知道为什么要投加这些药剂。对于防垢、防腐，应选用合理的水处理药剂，保证设备不结垢、无腐蚀。对于杀菌、灭藻，常用的方法是定期投加杀菌灭藻剂。目前市面上常用的杀菌灭藻剂大都具有氧化性（也有无氧化性的），因此对铁质部件都有腐蚀作用，长期投加会对这类部件造成腐蚀。用户在选择杀菌灭藻剂时要注意，杀菌灭藻是被动做法，如果在选择防腐阻垢剂时就选择能抑制细菌和藻类生长的药剂，则会起到多重保护功能，这样就可以不投或少投杀菌灭藻剂。水系统中既无垢、无腐蚀，也不长细菌和藻类，整个水系统无任何杂质，运行中可以做到节电 20% 以上。在投加药剂的同时，调节和中央空调循环水系统的 pH 值也至关重要。中央空调循环水系统中有铜质部件和铁质部件，两种金属都需要保护，因此应该将循环水系统的 pH 值控制在 9～9.9。这是由于铁的钝化区 pH 值为 9～13，铁喜碱性介质，而铜怕碱，当 pH 值达到 10 时，铜会被腐蚀，故在铜质部件与铁质部件共存的循环水系统中，要严格控制水的 pH 值在 9～9.9。此外，这样做还有利于抑制细菌和藻类生长。

10.3.2　微晶旁流装置

微晶旁流主要用于循环冷却水系统杀菌、灭藻、除垢的处理并去除水中悬浮物。它通过主机在水中产生一个频率、强度都按一定规律变化的感应电磁场，通过其处理，水分子聚合度降低，结构发生变形，产生一系列物理化学性质的变化，增加了水的水合能力和溶垢能力。水中所含盐类离子如 Ca^{2+}、Mg^{2+} 受到电场引力作用，排列发生变化，难于趋向器壁积聚。特定的电场能还能改变水系统中 $CaCO_3$ 结晶过程，抑制方解石产生，提供产生文石结晶的能量。在电场作用下，处理器在水中产生大量的微晶，微晶可将水中易成垢离子优先去除，形成疏松的文石，经辅机分离机构将其排出系统，从而达到防垢的目的。水经处理后产生活性氧，对于已经结垢的系统，活性氧能破坏垢分子间的电子结合力，改变晶体结构，使坚硬老垢变为疏松软垢，这样积垢逐渐剥落，乃至成为碎片、碎屑脱落，达到除垢的目的。

要达成上述诸项目标，装置主机还必须有根据水质自动调整处理信号的能力。微晶旁流装置如图 10.3 所示。

进水口　　出水口　　排污口

图 10.3　微晶旁流装置

10.4　软化水装置

软化水装置是采用离子交换原理，去除水中钙（Ca^{2+}）、镁（Mg^{2+}）等结垢离子，从而降低水的硬度，也就是使水得到了"软化"。

软化水装置通常由控制器、树脂罐、盐罐等组成。它的工作原理是：未经处理的含有硬度离子的原水经过软水器内树脂层时，水中的钙镁离子被树脂交换吸附，同时等物质释放出钠离子，这样，水中的硬度离子（钙镁）就被分离出来了。当树脂吸收钙、镁离子到一定程度后，就必须进行再生，否则失去效力。再生就是用盐罐中的盐来冲洗树脂层，把树脂上吸附的硬度离子再置换出来，并排出罐外，这样树脂就又恢复了软化水的能力。

在运行管理中，需注意盐罐中的盐量，以保证树脂始终具备软化水的能力。装置结构如图 10.4 所示。

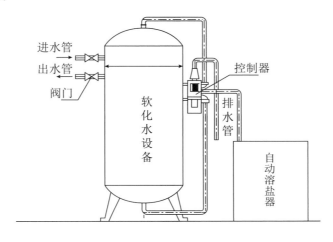

图 10.4　软化水装置

10.5　反渗透水处理器

反渗透（Reverse Osmosis，RO）水处理器，也称 RO 水处理器。反渗透是膜法水处理的一种，它可有效去除水中的溶解盐、胶体、细菌、病毒、细菌内毒素和大部分有机物等杂质。反渗透膜的主要分离对象是溶液中的离子级杂质，无须化学品即可有效脱除水中盐分，系统除盐率一般为 98% 以上。

10.5.1　反渗透水处理器设备概述

反渗透技术是当前制备纯水及高纯水时应用最广的一种技术。反渗透膜孔径非常小（仅为 1nm 左右），因此可以去除离子级杂质，水中的溶解盐类、胶体、微生物、有机物等均可被有效去除，去除率高达 97% ～ 98%。反渗透水处理系统具有产水水质好、耗能低、无污染、工艺简单、操作简便等优点。一般自来水经一级反渗透系统处理后，电导率小于 1mS/m，经二级反渗透系统处理后，电导率小于 0.5mS/m 甚至更低，在反渗透系统后端辅以离子交换设备或电去离子（EDI）设备可以制备超纯水，使电阻率达到 18MΩ·m（电导率 =1/ 电阻率）。反渗透水处理器外形如图 10.5 所示。

图 10.5   反渗透水处理器

10.5.2   反渗透水处理器工作原理

反渗透是与渗透相对应的概念，即在浓液一侧加上比自然渗透压更高的压力，使浓液中的溶剂（水）被压到半透膜的另一边稀溶液中，这一过程和自然界正常渗透过程是相反的。因此，它能够将水中的杂质拦截在膜的一侧，而让水通过，进入膜的另一侧，从而制得纯水和高纯水。反渗透水处理器生产纯水的关键有两个，一是有选择性的膜，称之为半透膜；二是一定的压力。简单地说，反渗透半透膜上有众多的孔，这些孔的大小与水分子的大小相当，由于细菌、病毒、大部分有机污染物及水合离子均比水分子大得多，因此它们不能透过半透膜，从而实现与水相分离。

10.5.3   反渗透水处理器工艺流程

反渗透水处理器常见流程如下：原水→原水箱→原水泵→多介质过滤器（石英砂过滤器）→活性炭过滤器→软水处理器→精密过滤器→高压泵→一级反渗透装置→纯水箱→高压泵→二级反渗透装置→紫外线杀菌装置→用水点。

一套完整的反渗透水处理设备一般分别由预处理部分、反渗透主机（膜过滤部分）、后处理部分和系统清洗部分共同组成。

10.5.4   反渗透水处理器的清洗

为了保证反渗透水处理器正常运行及延长反渗透膜元件的使用寿命，当反渗透水处理器运行一段时间后，为去除碳酸钙垢、水中金属氧化物垢、生物滋长（细菌、真菌、霉菌等）等物质，就需要对系统进行清洗。清洗可由设备自动执行。

10.6 补水装置

10.6.1 定压补水装置

定压补水装置主要应用于冷冻水补水系统，也应用于加湿补水系统中，一般由补水泵和隔膜式气压罐组成。定压补水装置初始运行时首先启动补水泵向系统及隔膜式气压罐内的水室中充水，系统充满后多余的水被挤进胶囊内。因为液态水的不可压缩性，随着水量的不断增加，水室的体积也不断地扩大而压缩气室，罐内的压力也不断地升高。当压力达到设计压力时，通过压力控制器使补水泵关闭；当系统内的水受热膨胀使系统压力升高超过设计压力时，多余的水通过安全阀排出，这些水可以通过收集重新补入系统使用；当系统中的水由于泄漏或温度下降而体积缩小，系统压力降低时，胶囊中的水被不断压入管网补充系统的压降损失；当系统压力降至设计允许的最低压力时，压力控制器将动作，开启补水泵向管网及气压罐内补水，如此循环。定压补水装置外形如图 10.6 所示。

图 10.6 定压补水装置

目前数据中心中使用的定压补水装置很多自带了排气功能，这样集多种功能于一体，减少了设备占用空间和经济投入。

10.6.2 冷却水补水系统

冷却塔在使用的过程中，冷却水存在着蒸发、散逸损失，以及在循环系统中存在设备、管路的泄漏损失，所以要对系统经常补水。一个设计合理、设备状态较好、管路也较正规的系统，其损耗一般占循环水量的 3% ～ 5%，若以上环节不完善，补水量就远不止 5%。以下介绍 3 种常见补水方式。

1. 自动补水装置

自动补水装置主要由传感器、液位控制器、液位指示器和执行机构组成。为准确反映冷却塔水盘中的水位，在冷却塔水盘外做一个平衡器，它的作用是放置液位传感器，如电极棒，这样可以起到稳定水位，防止由于淋水飞溅造成水面波动形成假水位触发补水动作。这种补水方式，补水泵启动频繁，缩短了使用寿命。

2. 持续补水

持续补水方式冷却水管道的送、回水管道，采用不同的口径，送水管径大于回水管径。当系统开始运行时，补水泵持续运行，向冷却塔输送冷却水，当水量需求较大时，满足冷却用水；当水量需求较少时，多余水量由回水管道返回到蓄水池。此种方式，补水泵长时间运行，耗电量大。

3. 浮球阀控制

浮球阀控制方式是用浮球阀控制液位。当冷却塔中水位下降时，浮球位置也下降，下降至触发位置，打开阀门，进行补水；当水量上涨时，浮球位置也随之上升，上升至截至位置时，浮球阀关闭，停止补水。

10.7 旁滤设备

空调水系统循环运行过程中，特别是在冷却水系统中会逐渐产生悬浮物质，这些物质的来源一个是空气中灰尘杂物，另一个是日常加药处理后造成的部分水垢、锈垢、微生物粘泥的脱落物，这些杂质需要从水系统中清除。

旁滤就是清理这些杂质的水处理设备，它不将过滤器安装在总循环管路上，将所有的循环水过滤一遍，而是在总循环管路上引出一部分水过滤，过滤后的水又送回总管，通过逐步多次的循环截留，将系统内的杂质过滤掉，最后通过旁滤装置本身的机构进行必要的反冲洗将累积的杂质去除出系统。旁滤配合加药处理能有效地去除空调水系统内的杂质。

旁滤设备外形如图 10.7 所示。

图 10.7　旁滤设备

10.8　压差旁通阀

压差旁通阀是一种用于空调水系统供、回水之间以平衡压差的阀门。该阀门可提高系统的利用率，保持压差的稳定，并可最大限度地降低系统的噪声，以及过大压差对设备造成的损坏；也可以根据终端热负荷情况调整开度，在终端负荷很小或为零时也能保证空调机组内一定量的水通过，保护了空调机组也起到了节能降耗的作用。压差旁通阀外观如图 10.8 所示。

压差旁通阀工作原理如图 10.9 所示，当末端负荷变小，空调末端上水阀开度将变小，压差 ΔP 将变大，旁通阀开大，旁通流量增大；当末端负荷变大，空调末端上水阀开度将变大，压差 ΔP 将变小，旁通阀开小，旁通流量减小。

图 10.8　压差旁通阀图

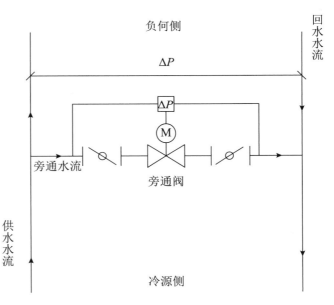

图 10.9　压差旁通阀工作原理

第 11 章　数据中心暖通系统设计方法及实例分析

本章分别以传统中小型数据中心、云计算数据中心为例，介绍数据中心暖通系统的设计方法，其中云计算数据中心的设计方法以案例的形式给出。

11.1　中小型数据中心暖通系统的设计方法

一般认为面积在 200 m² 以下、机柜数量少于 50 个的数据中心属于小型数据中心；面积为 200 ～ 800m²，机柜数为 50 ～ 200 个的数据中心为中型数据中心。这种划分只是大致的分类，并没有严格的划分标准或参照体系。

小型数据中心也是未来的一个重要发展方向，因为边缘计算模型认为，大多数知识来自靠近数据源的本地，数据分析仅部分依赖于网络带宽。以往，大型传统数据中心一直是网络计算和连接的支柱，几乎所有数据都在一个核心集中处理。然而，物联网技术和支持 AI 的应用需要在边缘进行更多计算，由此将会影响未来数据中心的建设规模与位置。随着边缘计算的兴起，更多小型数据中心将建在靠近城市和商业区的地方。当前在建和即将兴建的很多数据中心有着大型仓库般的体量与规模，与此同时，未来将会同时存在大量完全不同的小型甚至微型数据中心。

中型数据中心的规模有所增大，在实际应用场景中，它往往是在一些旧机房的基础上升级改造而来，机房常常位于城市中心区域，考虑到投资成本、运营成本、维护成本等，它们一般在暖通系统类型的选择上与小型数据中心相似。

11.1.1　空调负荷计算

中、小型数据中心的空调负荷的计算，可先分别确定机房内 IT 机柜功耗、配电柜功耗、电池功耗、UPS 或高压直流设备功耗、管控柜功耗、空调内风机功耗、照明负荷、建筑维护结构负荷等各项的数值，再进行综合计算确定。

在实际计算时，IT 机柜功耗的准确计算往往是个难点，很多方案将所有 IT 机柜的功耗取一个共同较大值，往往会得到一个很大的负荷值而实际上的功耗达不到该值，这样就造成浪费。还有一种情况是根据服务器额定功率进行功耗累计，同样算出的值也偏大。针对这些情况的一个解决办法是：在可能的情况下，对服务器厂家的功耗参数刨根寻底，每台服务器在出厂时均附有一个标称额定功率，它标明了该服务器的最大使用功率。但这并不代表实际使用功率，例如曾有标称功率 700W 的服务器，实测正常运行时的功耗才 300W。为了掌握服务器实际使用功率，往往需要利用厂商提供的功率计算器计算设备在当前配置时的功率需求。例如有服务器厂家提供在线功率计算，在输入了服务器所配置的处理器的频率、处理器数量、内存卡容量规模与数量、PCI 卡数量、硬盘容量规模与数量之后，能够自动计算出该服务器有关功耗与发热量的参考值。

采用上面的方法算出数据中心的热负荷后，在确定空调机组制冷量时要注意一般要留有一定裕度，一般要多出 15% ～ 20%。

当条件所限进行以上计算存在困难时，一般可参考功能相似的同类型其他机房的负荷密度的经验数据进行估算。估算一般是采用面积法，即机房负荷 = 机房面积 × 负荷密度经验值。

11.1.2　空调选型

现在通常都是选用机房精密空调，根据机房条件，参照《数据中心设计规范》（GB 50174—2017）确定机房等级，按照等级确定空调机组冗余配置情况。例如对于 B 级机房，空调机组宜有 N +1 冗余配置。空调机组配置数量确定后，结合机房总空调负荷，即可确定空调机组单机制冷量。

随后根据机房实际情况确定室内送风形式。这里有很多选择方向，例如是上送风还是下送风，选房间级空调还是行级空调等。

11.1.3　空调布置

空调机组室内机在机房内的位置，应该使得房间整体通风顺畅，送风、回风无障碍。同时要考虑到与上下水管、液管、气管的连接是否便利。

当采用风冷直膨式（DX）机房精密空调时，为保证制冷剂的顺利循环，当空调机组的室外机高于室内机时，垂直距离不宜超过 20m，当室外机低于室内机时，垂直距离不宜超过 5m；管道总长不宜超过 60m，若长度大于 60m 时，应加装管道延长组件。这些距离的具体数据可能会随不同品牌不同机型而略有差异，应确保空调室外机通风顺畅，避免阳光直射，避免噪声对其他用户的干扰。

11.2 云计算数据中心暖通系统的规划设计案例

云计算数据中心是当前最新类型的数据中心，代表着数据中心发展的最新阶段。近年来，随着IT技术的高速发展和云计算的兴起，对数据的处理速度和处理能力要求越来越高。大量体积小、处理速度快、功能强的高密度机架服务器和存储服务器应运而生。单个机柜的功率由1kW、3kW提高至8kW以上，刀片式服务器单机柜功率甚至可达30kW。随着机柜功率密度的提高，数据中心对制冷的可靠性和可用性的要求也越来越高。传统的低功率密度的数据中心可采用房间级机房精密空调形式对服务器进行冷却，但是当机柜的功率超过5kW时，采用传统的房间级机房精密空调会出现很多弊端。例如在实际运行时机柜顶部存在局部热点和地板下送风不足等问题，这些都将导致设备过热保护引发宕机。因此合理地设计高密度数据中心的暖通系统非常重要。本节以北方某新建的数据中心为例，介绍高密度云计算数据中心暖通系统的设计思路及方法。

该项目的地址位于北方某省，是将现有办公楼的一部分改造成数据中心。改造前的办公楼总建筑面积约为12 000m²，建筑高度24m，地上五层、地下两层，主要包括高密度数据中心、辅助用房和办公室。其中本节研究的高密度数据中心位于该大楼二层北侧，主机房建筑面积280m²，层高4m；服务器机柜110台，网络机柜6台，单台服务器机柜功率8.8kW，机房内设置防静电高架地板。

11.2.1 暖通系统设计

1. 设计参数

暖通系统设计参数主要包括以下几个方面。

1）室外气象参数

根据《实用供热空调设计手册》，参照机房所在地区的气象参数选取室外气象参数，结果见表11.1。

表 11.1　室外气象参数

参数	参数值
冬季大气压 /Pa	101 730.0
冬季室外干球温度 /℃	−12.0
冬季相对湿度 /%	55.0
冬季室外平均风速 /（m/s）	2.8
夏季大气压 /Pa	99 800.0
夏季室外干球温度 /℃	33.2
夏季室外湿球温度 /℃	26.4
冬季室外平均风速 /（m/s）	4.0

2）室内气象参数

《数据处理环境热工指南》列出了数据中心 1 ～ 4 级所对应的环境要求。我国按照使用性质、管理要求及重要数据丢失或网络中断造成的损失或影响程度，将数据机房分为 A、B 和 C 三级。数据中心机房的设计与建设以保证所有 IT 设备的不间断运行为首要任务。同时，针对本项目暖通系统解决方案的设计，需要达到 GB 50174—2017 的 A级设计标准。按此标准，本节中的数据中心属于 A 级机房，机房内的温度为（23±1）℃，相对湿度为 40% ～ 55%，每小时温度变化率小于 5℃/h，且室内不得结露。

3）通风换气次数

为保证机房内的正压及人员新风量的要求，机房内新风量按照每人 40m³/h 选取，同时要维持机房与相邻房间 5Pa 的正压、与外界房间 10Pa 的正压要求，二者中取最大值。该项目中数据中心的通风换气次数见表 11.2。

表 11.2　换气次数

参数	参数值
新风换气 /（次 /h）	1.0
洁净度	每升空气中，大于 0.5μm 的尘粒数小于 17600
房间压力 /Pa	5 ～ 10
排风（配合气体灭火系统）/（次 /h）	5.0

2. 负荷计算

机房的热负荷主要来自以下两个方面：

（1）机房内。包括计算机设备、照明灯具、辅助设施及工作人员所产生的热量。

（2）机房外。包括外部进入的热量（如，从墙壁、屋顶、隔断和地面传入机房的热；透过玻璃窗射入的太阳辐射热；从窗户及门的缝隙随渗入的风而侵入的热；新风机补充新风带进来的热等）。其中机房内的计算机设备的发热量占的比例最大，约占机房总发热量的 70%。总热负荷中数据中心内各项散热负荷所占的百分比如图 11.1所示。

为了保证该机房内主要设备处于所需恒温、恒湿环境下，需要对机房空调设备的总负荷进行

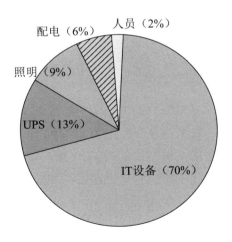

图 11.1　数据中心各项散热负荷占总热负荷的百分比

计算。本设计根据该机房内的设备特点和环境情况，采用精确计算法来确定各区域热容量。经过计算，确定机房总制冷负荷为 1020kW。数据中心单位面积能耗可由机房总能耗除以机房面积得到。

3. 制冷系统的确定

该数据中心单台机柜功率密度为 8.8kW，属于高密度数据中心，空调通风系统的设计原则为：在满足设备温、湿度要求的基础上，采用节能的手段确保数据中心空调系统的稳定性和连续性，实现不间断制冷。

另外由于风冷和水冷的制冷效率很相近，选择哪种形式主要考虑使用地区的现场条件。该项目在北方地区使用，现场水资源不多，而且北方地区昼夜温差大，适合采用风冷的冷水机组。如果采用水冷冷水机组，还需要在设计过程中单独增加一套冷却水的循环系统，包括冷却水泵、冷却塔、冷却水管路系统和水处理设备，这样会增加项目初期的设备投资成本。因此基于以上设计原则，确定该数据中心采用风冷冷冻水型机房空调系统，选用风冷冷冻水机组、乙二醇干冷器和一级泵变流量系统。该系统夏季通过冷冻水机组制取 7℃的冷冻水，送到室内的冷冻水型精密空调内，从而给房间的 IT 设备制冷；冷冻水回水温度为 12℃，经循环水泵返回冷冻水机组。冬季充分利用室外的低温空气冷却循环冷冻水，可以实现压缩机停机制冷，大大减少了耗电量。过渡季节主要采用自然冷却，冷量不足的部分由压缩机制冷补充。当数据中心的空调系统断电后，由 ATS（转换开关）将主电路切换到另一路备用市政供电。冷冻水机组从通电后到正常运行需要 10min，为了保证系统的连续制冷，设计了蓄冷罐，存储的冷水能满足数据中心空调系统断电后至机组重新启动 10min 间隔的制冷需要。

1) 空调系统冷源设计

数据中心是耗能大户，空调系统在能够保证 IT 设备正常运转的条件下，在冷源的选择上尽量选择节能的方式。本项目充分利用北方气候的特点，在冬季使用自然冷却技术，降低系统的 PUE（Power Usage Effectiveness，电能和利用效率）值。所谓自然冷却是数据中心在春秋季节的晚上或者在冬季，利用室外的低温空气来对系统中的冷媒水进行自然冷却，这样可以大大减少压缩机的功耗，从而降低系统的 PUE 值。

根据数据中心所在地区全年室外气温的分布可以计算出，全年可实现全部自然冷却的时间占全年总运行时间的 24%，部分自然冷却的时间约占全年运行总时间的 27%，全部机械制冷的时间约占全年总运行时间的 49%，计算依据是该地区全年的室外气象温度。对配有自然冷却的机组，当室外温度低于 10℃时，可以启动部分自然冷却；当室外温度低于 5℃时，可以启动全部自然冷却。其百分比值根据室外温度所保持的时间占全年的运行时间之比计算所得。

因此，该系统采用 3 台风冷螺杆式冷冻水机组（2 用 1 备），每台冷水机组制冷量为 520kW；2 台制冷量为 500kW 的干冷器，冷冻水进口、出口温度分别为 7℃～12℃。冷水机组和干冷器布置在一层室外平台。每台螺杆式冷冻水机组可以根据负荷实现 25%～100% 的调节。

为了实现节能和充分利用冬季的自然冷却，采用干冷器与冷冻水机组串联的形式，这样可以实现以下 3 种工作模式：

（1）夏季。风冷冷冻水机组开启，高温的乙二醇溶液经过冷冻水机组的蒸发器释放热量。

（2）冬季。充分利用室外低温的空气冷却干冷器中的乙二醇溶液，冷冻水机组停机，实现无压缩机运行制冷的自然冷却模式。

（3）过渡季节。当外界环境温度比冷冻水的回水温度低 3℃时，数据中心可以开启干冷器进行自然冷却，不足的冷量通过风冷冷水机组补充；当外界环境温度比冷冻水回水温度低 10℃时，可以完全实现自然冷却，冷冻水机组停机。

2）冷冻水系统设计

空调系统采用 7℃的冷冻水供水、12℃冷冻水回水的冷冻水循环系统。系统中采用 1 次泵变流量设计，可以满足随着数据中心中 IT 负载的变化而自动调节流量。每个空调的支管上设置平衡阀，方便调试时调节系统管路上的水压平衡。

为了实现数据中心的安全和连续制冷，在数据中心中，IT 设备都由不间断电源（UPS）保证供电，UPS 将在市政用电断电后为 IT 设备供电直到发电机启动。但是空调系统的部件往往都不连接 UPS，甚至不连接备用发电机。而高密度机房设备发热量巨大，当断电时，机房温度会在 30 ～ 120s 内迅速上升至可使数据设备停机的温度，导致数据设备停机或损坏。

为了保证系统的稳定性，避免系统电源故障停电后至冷冻水机组启动前的过热现象，系统中必须设有安全装置。结合本项目，水系统的水泵连接了 UPS，可以保证冷媒水持续循环，当市电断电后，冷水机组通电重启需要 10min，因此系统设计了能提供 10min 时间内数据中心所需冷量的蓄冷罐。蓄冷罐的容积为 32m³，蓄冷罐与整个冷冻水系统串联连接。蓄冷罐在系统正常运行时将 7℃的水存储在罐体中，当系统断电，冷水机组停止运行时，蓄冷罐的进水阀关闭，旁通阀门打开，将原存储的低温冷水注入冷冻水系统中，保证制冷温度。

3）室内精密空调的设计

目前室内的冷冻水型精密空调主要有两种形式，一种是传统的地板下送风的房间级空调，另一种是水平送风的行级制冷空调。空调对温度和湿度的测量和控制比较精密。空调器在正常使用条件下，通过空调控制逻辑检测回风温度，调节冷冻水调节阀，控制送风温度。温度波动超限将发出远程报警信号。当温度设定在 15℃～ 30℃范围时，机组温度控制精度为 ±1℃，温度变化率应小于 5℃ /h。湿度的控制有两种形式，当湿度低于设定值时，启动机组自带的电极式加湿罐加湿；当湿度达到设定值时，加湿罐停止工作。如果检测湿度大于设定值，则采用制冷除湿。

房间级空调具有市场占有率高、公众认知度高等优点。但是房间级空调地板下送风的风量受到限制，一台 1kW 的服务器负载机柜所需的送风量计算公式为

$$G = \frac{Q}{\rho c_p \left(t_2 - t_1\right)}$$

式中：Q——制冷量，kW；

ρ——空气密度，1.2kg/m³；

c_p——比热容，1.01kJ（kg·K）；

G——送风量，m³/h；

t_2——服务器出口温度，℃；

t_1——服务器进口温度，℃。

经过计算，当服务器负载机柜的进、出口温差为 11℃，制冷量为 1kW 时，需要向服务器送 270m³/h 的风。由于该机房服务器功率密度为 8.8kW，因此每台机柜需要的冷风量为 2376m³/h；开孔地板通常开孔率为 25%，在合理的送风风速下，每块开孔地板的送风量为 511m³/h，这就意味着 8.8kW 的机柜需要安排 5 块通风地板。如果仍然采用传统的下送风精密空调搭配高架地板的方式，则每个机柜需要安排 5 块通风地板，这将导致机房中通道的宽度大大增加，显然不适宜。因此，确定该高密度机房的空调形式采用水平送风的行级精密空调，冷空气从空调的送风口水平吹出并送达就近的几台机柜；服务器的出风口将热风送回到精密空调的回风口。机柜采用面对面、背对背排列，形成冷热通道布置。

根据上文中的机房热负荷计算结果，该机房的热负荷为 1020kW，可以采用 20 台制冷量为 52kW 的行级水平送风空调和 11 台制冷量为 19kW 的行级水平送风空调。这 11 台制冷量为 19kW 的行级空调是冗余备份。每一条冷通道有 4 台空调，其中 3 台保证制冷量，1 台用于冗余备份。整个数据中心有 7.5 个冷风通道，每个通道都有备份，因此制冷量较多。例如，在第一个冷风通道，用了 3 台 52kW 空调保证制冷，另有 1 台 52kW 空调用于冗余备份。同样有的通道用了 3 台 11kW 空调保证制冷，另有一台 11kW 空调用于冗余备份。由于机柜的排列按照冷热通道排列，每个冷通道作为一组，每组通道空调的布置采用 $N+1$（N 表示实际需要的空调台数，1 表示备用空调台数）冗余形式；这样可以保证在一个冷风通道内任何一台空调发生故障时都有备用空调替代，同时也可以合理分配每台空调的运行时间。精密空调的冷冻水采用地板下接管，冷凝水就近排入下层卫生间的地漏。

4）新风与排风系统

数据中心空调系统必须提供适量的室外新风，以保持数据通信机房的正压值和保证室内人员的卫生要求。为了维持机房区正压，满足工作人员对新风的需求，数据中心可采用 1 次 /h 的换气次数，在数据中心北侧布置 1 台风量为 1120m³/h 轴流风机，使得机房内与机房外保持 10Pa 的压差。排风按 5 次 / 时来计算，选用 1 台风量为 5600m³/h 轴流风机，用于气体灭火后的灾后排风。

5）气流组织的计算流体力学（Computational Fluid Dynamics，CFD）模拟分析

对于高密度数据中心，合理的气流组织至关重要。通过有效的 CFD 气流模拟，能在设计时及时发现机房的热点，从而采取措施来消除热点。本项目中对数据中心部分机柜进行了 CFD 模拟，如图 11.2 所示。CFD 计算的模型分为建筑物的物理模拟模型

和 IT 设备的物理模型。计算工况是按照数据中心所在北方地区的空调设计温湿度工况，机房内的温度为 (23 ± 1) ℃，相对湿度为 40% ~ 55% 来分析。边界条件是以室内外温度、湿度、地板开孔率、功率密度和送风量等设定来计算的。CFD 模拟的结果为，当空调正常运行时，冷风通道的温度为 18℃，热通道约为

图 11.2 部分机柜 CFD 气流模拟

30℃；气流分配均匀，满足设计要求。

　　6）可靠性及控制方案

　　由于本空调系统设计工况为全年 365 天，每天 24h 运行。在可靠性方面，数据中心应有以下 4 点考虑：

　　（1）设备主机即冷水机组应考虑冗余备用（2 台制冷 1 台备份），在 1 台损坏或维护时，其他 2 台可保证系统正常制冷。

　　（2）空调末端设计冗余，在每排通道内采用 N+1 的末端制冷设备冗余，保证制冷的可靠性。

　　（3）系统内设计蓄冷罐，可保证系统在停电到发电机重新启动的时间间隔内，提供 7℃ 的冷冻水。

　　（4）机房内的多台行级精密空调自成独立的群控系统，可实现备份自动切换功能、定时切换备份机组以及根据机房内热负荷的变化自动控制机组中的空调机的运行数量，从而提高空调系统的可靠性，达到节能的目的。

　　控制方案和逻辑为：空调系统采用 PLC 控制，根据机组末端的回水温度，调节系统冷冻水出水温度；末端行级空调通过电动水阀调节水流量，从而使系统稳定地运行，持续不断地提供冷冻水。

11.2.2　方案小结

　　数据中心空调系统具有单位面积热负荷高、全年制冷运行，在满足系统总冷量情况下还需确保不间断运行以保障数据安全的特点。本方案对北方某高密度数据中心空调系统的设计思路进行了介绍，从系统设计、设备选型、节能方案和系统安全的角度进行了论述。对于高密度数据中心，建议采用紧靠热源的水平送风行级制冷形式，辅助冷热通道布置；对 IT 负载实现按需制冷，在空调台数设置上考虑 N+X 的冗余备份。

　　为了让数据中心实现全年 365d×24h 不间断制冷，数据中心采用了一些必要措施，例如水泵接 UPS、设置蓄冷罐等，来保障制冷空调系统断电后和冷冻水机组重启期间维持设备正常连续运行，从而保证系统的制冷安全。另外，采用自然冷却技术可大大降低系统的能耗。以本案例所在地区为例，可实现全部自然冷却的时间约占全年总运行时间的 24%，可实现部分自然冷却的时间约占全年总运行时间的 27%，这样系统的能耗将减少约 1/3。

参考文献

[1] 钟景华 , 朱利伟 , 曹播 , 等 . 新一代绿色数据中心的规划与设计 [M]. 北京 : 电子工业出版社 ,2010.

[2] 李劲 . 云计算数据中心规划与设计 [M]. 北京 : 人民邮电出版社 ,2018.

[3] 冷飙 . 数据中心基础设施运维基础教程 [M]. 北京 : 北京邮电大学出版社 ,2020.